兵团重大科技项目计划

“乳肉牛融合发展绿色养殖技术集成与示范（2021AA004）”

规模奶牛养殖场
数字化评估模式探索

◎吴 洁 李 广 刘良波 主编

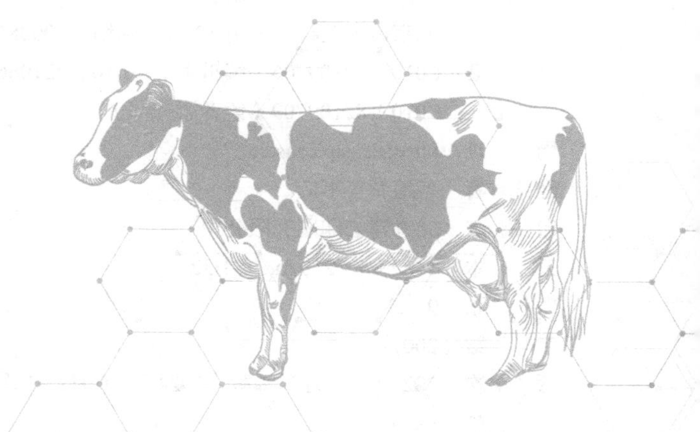

中国农业科学技术出版社

图书在版编目（CIP）数据

规模奶牛养殖场数字化评估模式探索 / 吴洁，李广，刘良波主编 . -- 北京：中国农业科学技术出版社，2024. 10. -- ISBN 978-7-5116-7078-6

Ⅰ. S823.9-39

中国国家版本馆 CIP 数据核字第 2024V57V67 号

责任编辑 张国锋
责任校对 李向荣
责任印制 姜义伟　王思文

出 版 者 中国农业科学技术出版社
北京市中关村南大街 12 号　邮编：100081
电　　话（010）82109705（编辑室）（010）82106624（发行部）
（010）82109709（读者服务部）
网　　址 https://castp.caas.cn
经 销 者 各地新华书店
印 刷 者 北京建宏印刷有限公司
开　　本 148 mm×210 mm　1/32
印　　张 9.125
字　　数 200 千字
版　　次 2024 年 10 月第 1 版　2024 年 10 月第 1 次印刷
定　　价 58.00 元

版权所有 · 侵权必究

《规模奶牛养殖场数字化评估模式探索》

编委会

主　编：吴　洁　李　广　刘良波

副主编：牛春晖　张　豫　窦立静　毋　婷
　　　　蔺文龙　周　彬　叶翠芳　孙志华
　　　　董　峰　张　霞　叶东东　万　姣
　　　　王超丽　林为民　刘　峰　何开兵

编　者：侯宇成　刘　强　赵艳梅　杨　阳
　　　　王煜舒　王　丹　马　宏　田　娟
　　　　曾文轩　柳汀育　闫梦阳　王文浩
　　　　张亚龙　卢　佳　杨　羽　王卓妮
　　　　乔亚萱　杜苗苗　王　策　高恒赟

前　言

随着科技的飞速发展和社会的不断进步，数字化已经成为当今时代的鲜明特征，它正在深刻地改变着各行各业的生产方式和管理模式。奶牛养殖业作为畜牧业的重要组成部分，其发展水平直接关系到乳制品的产量和质量，进而影响到人们的饮食健康和生活品质。国家提出从“乳业大国”向“乳业强国”转变，传统的奶牛养殖方式往往依赖于人工经验和直觉判断，缺乏科学、精准的决策依据，导致养殖效益不高、资源浪费严重等问题。因此，如何实现奶牛养殖的精准化、智能化管理，提高养殖效率和经济效益，已经成为摆在我们面前的重要课题。

数字化技术的引入和应用为解决这一问题提供了有力的支持，且已经成为推动行业转型升级、提升养殖效益的重要手段。通过数字化技术，我们可以实现对奶牛养殖全过程的实时监控和数据采集，进而对奶牛的生长状况、健康状态、饲料消耗等进行精准分析和管理。这不仅有助于提高养殖效率，减少资源浪费，还能够为奶牛养殖场的科学决策和可持续发展提供有力保障。因此，探索规模奶牛养殖场的数字化评估模式，对于推动奶牛养殖业的现代化、智能化发展具有重要意义。

本书一共分为8个章节，主要以规模奶牛养殖场数字化建设为研究基点，让读者对数字化评估模式构建基础、数字化评估指标体系构建以及数字化评估数据采集与处理有更加清晰的了解，进一步摸清数字化评估模型构建与应用，为规模奶牛养殖场数字化建设研究提供更加广阔的用武空间。除此之外，本书还深入分析了数字化评估与智能决策支持系统以及数字化评估模式的可持续发展策略。然而，总体来看，我国奶牛养殖场的数字化水平仍然较低，与发达国家相比存在较大的差距。主要表现在数字化技术应用范围有限、数据采集和分析能力不足、智能化管理水平不高等方面。因此，进一步加强奶牛养殖场数字化评估模式的研究和探索，对于提升我国奶牛养殖业的整体竞争力具有重要意义。

编　者

2024年6月

目　录

第一章　规模奶牛养殖场概述

第一节　规模奶牛养殖场的定义与特点

一、规模化奶牛养殖场的定义

（一）规模化奶牛养殖场的定义及重要性

规模奶牛养殖场是指拥有一定数量的奶牛、具有一定规模设施设备、采用先进的养殖技术和管理模式、进行集约化规模化养殖的奶牛养殖企业。在现代畜牧业中，规模奶牛养殖场占据着举足轻重的地位。这类企业通常具有较高的奶牛存栏量，通过规模化养殖实现规模效益，有效降低单位产品的生产成本，从而提高市场竞争力。随着人们对乳制品需求的不断增长，规模奶牛养殖场在满足市场需求、保障乳制品供应方面发挥着越来越重要的作用。同时，规模奶牛养殖场也是推动畜牧业现代化、产业化的重要力量，对于提升我国畜牧业的整体竞争力具有重要意义。

（二）规模奶牛养殖场的经济效益

规模奶牛养殖场通过采用先进的养殖技术和管理模式，实现奶牛的高产、优质、高效养殖，这不仅提高了奶牛的生产性能，也显著降低了生产成本。通过规模化养殖，企业可以更加合理地配置资源，实现生产要素的优化组合，从而提高生产效率。同时，规模奶牛养殖场还可以通过与乳制品加工企业的紧密合作，实现产业链的整合，进一步降低交易成本，提高整体经济效益。此外，规模奶牛养殖场在经济效益方面还具有抵御市场风险的能力。由于规模化养殖降低了单位产品的生产成本，使得企业在面对市场价格波动时具有更强的议价能力和抗风险能力，这有助于保障企业的稳定经营和持续发展。

（三）规模奶牛养殖场的社会效益

规模奶牛养殖场在保障乳制品供应、提升乳制品质量方面发挥着重要作用。随着人们生活水平的提高，对乳制品的需求不断增长，规模奶牛养殖场通过提供充足、优质的奶源，满足了人们对乳制品的需求，提升了人们的生活质量。同时，规模奶牛养殖场的发展也带动了相关产业的发展，如饲料加工、兽药生产、乳制品加工等。这些产业的发展不仅为社会提供了更多的就业机会，也促进了区域经济的繁荣。此外，规模奶牛养殖场还通过提供技术培训、推广先进养殖技术等方式，帮助农民提高养殖水平、增加收入，为农村经济的发展作出了积极贡献。

（四）规模奶牛养殖场的生态效益

规模奶牛养殖场在注重经济效益和社会效益的同时，也高度重视生态效益。企业通过采用环保设施和技术，实现养殖废弃物的减量化、资源化和无害化处理，降低养殖对环境的污染。同时，规模奶牛养殖场还积极推广生态养殖模式，如种养结合、循环农业等，实现养殖与生态环境的和谐发展。此外，规模奶牛养殖场还注重节约利用资源，提高资源利用效率。通过采用节水灌溉、节能降耗等措施，降低养殖过程中的资源消耗，减少对环境的压力。这些举措不仅有助于提升企业的环保形象，也为畜牧业的可持续发展树立了典范。

二、规模化奶牛养殖场的特点

（一）规模化养殖

1. 规模奶牛养殖场与大量奶牛养殖

规模奶牛养殖场作为现代化畜牧业的重要组成部分，其显著特点之一就是拥有大量的奶牛。这种大规模的养殖方式不仅提高了奶牛存栏量，使得企业在单位时间内能够产出更多的牛奶和乳制品，而且通过集中饲养和管理，实现了养殖过程的标准化和规范化。大量奶牛的集中养殖为规模奶牛养殖场带来了诸多优势，成为推动畜牧业现代化、产业化的重要力量。

2. 规模化养殖有利于提高生产效率

在规模奶牛养殖场中，大量奶牛的集中养殖为实现规模化、集约化生产提供了基础。通过采用先进的养殖技术和管理模式，企业能够更加高效地组织生产活动，提高生产效率。例如，利用自动化喂料系统、智能化环境控制系统等先进设备，可以实现对奶牛的精准饲养和管理，减少人力成本和时间成本。同时，规模化养殖还有助于形成专业化的分工和协作，使得养殖过程中的各个环节都能够得到优化和提升，进一步提高生产效率。

3. 规模化养殖有利于降低生产成本

规模化养殖通过实现生产要素的优化配置和资源的共享，有效降低了单位产品的生产成本。首先，大量奶牛的集中养殖使得企业能够采购到更优质、更廉价的饲料和兽药等生产资料，降低了采购成本。其次，规模化养殖有助于形成规模经济效应，使得企业在面对市场价格波动时具有更强的议价能力和抗风险能力，从而降低了经营风险。最后，通过采用先进的养殖技术和管理模式，企业可以降低养殖过程中的疾病发生率、死亡率等，进一步降低生产成本。

4. 规模化养殖有利于实现标准化生产

规模化养殖为实现标准化生产提供了有力保障。在规模奶牛养殖场中，企业可以制订统一的饲养管理标准、疫病防控标准等生产规范，确保每头奶牛都能够得到相同的饲养条件和健康保障。这有助于提高产品的质量和安全水平，满足消费者对乳制品的高品质需求。同时，标准化生产还有利于提高企业的管理水平和生产效率，为企业的持续发展奠定坚实基础。

5. 规模化养殖有助于提升奶牛养殖业的整体竞争力

规模化养殖作为现代畜牧业的发展方向之一，对于提升奶牛养殖业的整体竞争力具有重要意义。首先，规模化养殖有助于提高企业的经济实力和市场地位，使得企业在面对国内外市场竞争时能够更具优势。其次，通过采用先进的养殖技术和管理模式，规模化养殖场可以生产出更高品质、更具特色的乳制品，满足消费者的多样化需求，从而赢得市场份额。最后，规模化养殖还有助于推动奶牛养殖业的产业升级和发展，提升整个行业的竞争力和可持续发展能力。

6. 规模化养殖推动产业升级和发展

规模化养殖不仅提高了奶牛养殖业的生产效率和经济效益，更重要的是推动了整个产业的升级和发展。首先，规模化养殖促进了养殖技术的创新和应用。为了适应规模化养殖的需求，企业需要不断引进和研发新的养殖技术和管理模式，提高奶牛的生产性能和健康水平。这些技术创新不仅提升了企业的竞争力，也为整个行业的进步提供了动力。其次，规模化养殖带动了相关产业的发展。随着奶牛养殖规模的扩大，对饲料、兽药、乳制品加工等上下游产业的需求也相应增加，这促进了相关产业的繁荣和发展，形成了良好的产业链效应。同时，规模化养殖还为农村经济发展提供了新的机遇和动力，推动了农村产业结构的优化和升级。最后，规模化养殖提升了奶牛养殖业的国际竞争力。在全球化的背景下，我国奶牛养殖业面临着激烈的国际竞争。通过发展规模化养殖，我们可以提高奶牛养殖业的整体实力和国际竞争力，拓展海外市场，为行业的可持续发展创造更多机遇。

（二）科学化管理

1. 制订科学的饲养计划

规模奶牛养殖场的科学化管理首先体现在制订科学的饲养计划上。企业根据奶牛的品种、年龄、体况、生产阶段等因素，结合养殖目标和市场需求，制订个性化的饲养计划。这包括合理的分群饲养、精准的饲料投喂、定时的饮水供应等，确保奶牛在各个生长阶段都能获得充足的营养和适宜的饲养环境。通过科学的饲养计划，企业能够最大限度地发挥奶牛的生产潜能，提高牛奶产量和质量。

2. 合理的饲料配方

饲料是奶牛养殖的基础，合理的饲料配方对于提高奶牛的生产性能和健康水平至关重要。规模奶牛养殖场根据奶牛的营养需求和饲养标准，精选优质饲料原料，制订营养均衡的饲料配方。这既保证了奶牛能够获得全面、均衡的营养供给，又避免了饲料的浪费和成本的增加。同时，企业还定期对饲料质量进行检测和评估，确保饲料的安全性和有效性。

3. 严格的疫病防控措施

疫病是奶牛养殖过程中面临的一大风险，一旦发生疫病，将给企业带来巨大的经济损失。因此，规模奶牛养殖场实施严格的疫病防控措施，确保奶牛的健康和安全。这包括制订完善的疫病防治制度、定期的免疫接种、严格的消毒程序、及时的疫病监测和处置、定期开展检疫等。通过这些措施，企业能够有效地预防和控制疫病的发生和传播，降低养殖风险。

4. 科学化管理提高奶牛生产性能

通过实施科学化管理，规模奶牛养殖场显著提高了奶牛的生产性能。首先，科学的饲养计划和合理的饲料配方使得奶牛能够获得充足的营养供给，保持良好的体况和生产状态。其次，严格的疫病防控措施降低了疫病的发生率，减少了奶牛因病减产或死亡的情况。这些因素的共同作用使得奶牛的生产性能得到显著提升，表现为牛奶产量增加、质量提高、繁殖效率提升等。

5. 科学化管理降低养殖风险

科学化管理不仅提高了奶牛的生产性能，还有助于降低养殖风险。首先，通过制订科学的饲养计划和合理的饲料配方，企业能够避免因饲养不当而导致的奶牛健康问题和生产性能下降。其次，严格的疫病防控措施能够及时发现和控制疫病的传播，防止疫情扩大造成更大的损失。此外，科学化管理还包括对市场风险的预测和应对，使得企业能够在市场波动时灵活调整养殖策略，降低经营风险。

6. 科学化管理推动养殖业稳定发展

规模奶牛养殖场的科学化管理对于推动奶牛养殖业的稳定发展具有重要意义。首先，通过提高奶牛生产性能和降低养殖风险，科学化管理为企业带来了更高的经济效益和社会效益，这增强了企业的市场竞争力和抗风险能力，为企业的持续发展提供了有力保障。其次，科学化管理的成功实践为其他养殖企业提供了可借鉴的经验和模式，推动了整个行业的进步和发展。最后，科学化管理还有助于提升奶牛养殖业的整体形象和社会地位，增强公众对奶牛养殖业的认知和信任。

（三）集约化经营

1. 土地资源的集约化

在规模奶牛养殖场中，土地资源的集约化利用是实现高效生产的基础。通过合理规划养殖场地布局，优化土地利用结构，企业能够最大限度地发挥土地资源的生产潜力。采用先进的养殖技术和设施，如立体养殖、自动化喂料系统、先进的环控系统等，可以在有限的土地空间内饲养更多的奶牛，提高单位土地面积的产出效益。

2. 资本的集约化

投入资本是奶牛养殖业发展的重要支撑。规模奶牛养殖场通过集约化投资，实现养殖过程的现代化和高效化。这包括引进先进的养殖设备和技术、建设标准化的养殖圈舍、采购优质的饲料和兽药、引进高产奶牛等。这些投入不仅提高了奶牛的生产性能和健康水平，还降低了养殖过程中的劳动力成本和时间成本。同时，集约化投入资本还有助于企业形成规模经济效应，提高抵御市场风险的能力。

3. 劳动力的集约化

使用劳动力是奶牛养殖业生产过程中的关键因素。在规模奶牛养殖场中，劳动力的集约化使用主要体现在两个方面：一是提高劳动力的生产效率；二是优化劳动力结构。通过加强员工培训、提高技能水平、实施科学的劳动组织和管理等措施，企业能够提升劳动力的生产效率，减少人力浪费，流水线的生产能够提高生产效率。同时，根据养殖过程的需求变化，企业可以灵活调整劳动力结构，如在繁忙季节增加临时工或季节性用工，以满足生产需求。

4. 集约化经营降低生产成本

集约化经营通过实现生产要素的高效利用和优化配置，有效降低了奶牛养殖的生产成本。首先，土地、资本和劳动力的集约化投入提高了资源利用效率，减少了浪费和损耗。其次，先进的养殖技术和设备降低了单位产品的生产成本，如自动化喂料系统减少了饲料浪费和人力成本。最后，规模经济效应使企业能够在采购和销售环节获得更好的议价能力，进一步降低生产成本。

5. 集约化经营提升经济效益

集约化经营不仅降低了生产成本，还显著提升了奶牛养殖的经济效益。通过提高奶牛的生产性能和健康水平，企业能够获得更高的产量和质量，从而增加销售收入。同时，降低生产成本意味着企业可以获得更高的利润空间。这些经济效益的提升为企业的持续发展提供了有力保障。

6. 集约化经营推动奶牛养殖业现代化和产业化发展

集约化经营是奶牛养殖业现代化和产业化发展的重要推动力。通过实现生产要素的集约化投入和高效利用，企业能够形成规模化、标准化、专业化的生产模式，提高整个行业的生产效率和经济效益。同时，集约化经营还有助于推动相关产业的发展和创新，形成完善的产业链和产业集群效应。这些变化将进一步提升奶牛养殖业的整体竞争力和可持续发展能力。

（四）高效益产出

1. 规模化养殖奠定高效益基础

规模奶牛养殖场通过规模化养殖，实现了生产要素的优化配置和高效利用。规模化养殖使得企业能够集中优势资源，提高养殖效率，降低单位产品的生产成本。同时，规模化养殖还有助于形成规模经济效应，提高企业在市场上的议价能力和竞争力。这些优势为高效益产出奠定了坚实基础。

2. 科学化管理提升奶牛生产性能

科学化管理是规模奶牛养殖场实现高效益产出的关键。通过制订科学的饲养计划、合理的饲料配方和严格的疫病防控措施，企业能够确保奶牛在各个生长阶段都能获得充足的营养和适宜的饲养环境。这有助于提升奶牛的生产性能，如提高产奶量、改善乳脂率和乳蛋白率等。科学化管理还使得企业能够及时发现和解决奶牛养殖过程中的问题，确保奶牛的健康和安全，进一步保障生产性能的稳定。

3. 优质产品质量赢得市场竞争力

规模奶牛养殖场注重产品质量的提升，通过采用先进的生产工艺和设备，确保牛奶的卫生安全和质量稳定。企业还加强对原奶的检测和监控，确保每一滴牛奶都符合国家标准和消费者需求。优质的产品质量为企业赢得了良好的市场口碑和品牌形象，提高了产品的市场竞争力。在激烈的市场竞争中，规模奶牛养殖场凭借优质的产品质量脱颖而出，赢得了消费者的信任和青睐。

4. 高效益产出提升盈利能力和抗风险能力

高效益产出是规模奶牛养殖场实现盈利和提升抗风险能力的重要保障。通过提高奶牛的生产性能、优化产品质量和增强市场竞争力，企业能够获得更高的销售收入和利润空间。这使得企业在面对市场波动、疫病风险等不利因素时，具有更强的抵御能力和应对能力。同时，高效益产出还为企业提供了更多的资金积累和发展动力，有助于推动企业的持续扩张和升级改造。

5. 高效益产出推动养殖业可持续发展

规模奶牛养殖场的高效益产出对于推动养殖业的可持续发展具有重要意义。首先，高效益产出提升了奶牛养殖业的整体经济效益和社会效益，为行业的健康发展提供了有力支撑。其次，高效益产出促进了养殖技术的创新和管理水平的提升，推动了行业的科技进步和产业升级。最后，高效益产出还有助于提升奶牛养殖业的环保意识和可持续发展能力，推动行业实现绿色、生态、可持续发展。

（五）环保和可持续发展

1. 建立粪污处理设施，实现资源化利用

养殖过程中产生的粪污是奶牛养殖场面临的主要环保问题之一。为了有效解决这一问题，规模奶牛养殖场积极建立粪污处理设施，实现粪污的资源化利用。这些设施包括沼气池、有机肥生产线等，通过对粪污进行厌氧发酵、好氧堆肥等处理，将粪污转化为沼气、有机肥等有价值的产品。沼气可作为养殖场或周边农户的生活用能，有机肥则可用于农田施肥，提高土壤肥力，实现农业循环经济。除了建立粪污处理设施外，规模奶牛养殖场还注重粪污的减量化处理。通过优化饲养管理、提高饲料利用率等措施，减少粪污的产生量。同时，加强养殖场内部的雨污分流和干湿分离工作，降低粪污处理难度和成本。这些举措共同推动了养殖场的环保和可持续发展。

2. 推广生态养殖模式，减少环境负面影响

为了进一步降低养殖对环境的负面影响，规模奶牛养殖场积极推广生态养殖模式。这种模式强调养殖与生态环境的协调发展，通过合理规划养殖场地布局、种植绿化植物、建设生态湿地等措施，提高养殖场的生态功能。同时，引入生态循环理念，将养殖废弃物转化为资源再利用，如将牛粪用于生产沼气或有机肥，沼液用于农田灌溉等。生态养殖模式的推广不仅有助于减少养殖对环境的污染和破坏，还能提高养殖场的经济效益和社会效益。通过生态养殖模式的实施，规模奶牛养殖场能够实现经济效益与生态效益的双赢。

3. 关注社会责任，积极参与社会公益事业

作为社会的一员，规模奶牛养殖场不仅要关注自身的经济效益和发展，更要积极履行社会责任。许多规模奶牛养殖场积极参与社会公益事业，为周边社区和弱势群体提供帮助和支持。例如，为周边农户提供技术培训、市场信息等支持，帮助他们提高农业生产水平；参与扶贫济困、捐资助学等公益活动，为社会的和谐发展贡献力量。通过积极参与社会公益事业，规模奶牛养殖场不仅能够树立良好的企业形象和社会声誉，还能增强与周边社区和利益相关者的联系和合作。这种合作有助于推动养殖场的可持续发展和社会的共同进步。

4. 加强行业自律与监管，推动行业健康发展

除了采取环保措施和履行社会责任外，规模奶牛养殖场还应加强行业自律与监管。通过制订行业标准和规范、加强行业交流与合作、推动行业技术创新等措施，共同推动奶牛养殖业的健康发展。同时，政府部门也应加强对奶牛养殖场的监管力度，通过严格的疫病防控、动物检疫及投入品监管等工作，确保奶制品的安全，确保各项环保政策和社会责任得到有效落实。

（六）产业链整合

1. 保障奶源稳定供应规模

奶牛养殖场与乳制品加工企业的紧密合作，首先体现在保障奶源稳定供应方面。乳制品加工企业需要大量的优质原奶作为生产原料，而规模奶牛养殖场则能够提供稳定、高质量的奶源。通过签订长期合作协议，双方建立起稳定的供需关系，确保了乳制品生产线的连续运转。这种合作模式不仅减少了因奶源不足或质量不稳定而造成的生产中断风险，还为乳制品加工企业提供了更大的生产弹性和市场适应能力。

2. 提高乳制品质量和安全水平

除了保障奶源稳定供应外，规模奶牛养殖场与乳制品加工企业的合作还在提高乳制品质量和安全水平方面发挥了重要作用。规模奶牛养殖场通常具备先进的饲养管理技术和完善的疫病防控体系，能够确保奶牛的健康和原奶的质量。而乳制品加工企业则拥有专业的生产工艺和严格的质量控制标准，能够确保乳制品的安全性和品质。通过紧密合作，双方可以共同制订和执行更高的质量标准，实现从奶源到成品的全程质量控制，为消费者提供更加安全、健康的乳制品。

3. 降低交易成本

规模奶牛养殖场与乳制品加工企业的紧密合作，还有助于降低交易成本。在传统的交易模式下，乳制品加工企业需要从多个分散的奶农或小型养殖场收购原奶，这不仅增加了采购难度和成本，还可能导致质量不稳定和供应中断等问题。而与规模奶牛养殖场建立合作关系后，乳制品加工企业可以通过集中采购、长期合同等方式降低交易成本，提高采购效率。同时，规模奶牛养殖场也可以通过与乳制品加工企业的合作获得更稳定的市场需求和销售渠道，降低销售成本和市场风险。

4. 提高整体经济效益

产业链整合的最终目标是提高整体经济效益。通过规模奶牛养殖场与乳制品加工企业的紧密合作，可以实现资源共享、优势互补和协同发展。乳制品加工企业可以利用规模奶牛养殖场的优质奶源和高效生产能力，提高产品品质和产量；而规模奶牛养殖场则可以借助乳制品加工企业的品牌影响力和市场渠道，扩大销售市场和提升产品附加值。这种合作模式有助于形成产业链上下游的良性互动和协同发展，推动整个乳制品产业的持续健康发展。

5. 增强市场竞争力

通过产业链整合，规模奶牛养殖场与乳制品加工企业能够更好地适应市场需求的变化，增强市场竞争力。随着消费者对乳制品品质和安全性的要求不断提高，具备优质奶源和严格质量控制体系的乳制品企业将更具市场竞争力。通过紧密合作，双方可以共同研发新产品、开拓新市场、提升品牌形象和市场份额。同时，面对国际乳制品市场的竞争压力，国内乳制品企业也需要通过产业链整合来提升自身实力和国际竞争力。

第二节 规模奶牛养殖场的发展现状与挑战

一、规模奶牛养殖场发展现状

（一）饲养规模不断扩大

1. 市场需求的增长推动饲养规模扩大

随着人们生活水平的提高和消费结构的升级，乳制品在日常生活中的需求量不断增加。从早餐的牛奶、酸奶，到烘焙食品中的奶油、奶酪，再到各种零食中的乳制品成分，乳制品已经渗透到人们生活的方方面面。这种市场需求的增长，为规模奶牛养殖场提供了广阔的发展空间。为了满足市场需求，养殖场必须扩大饲养规模，增加奶牛存栏量，提高乳制品的产量。这样一来，不仅可以满足消费者的日常需求，还可以为养殖场带来更高的经济效益。同时，随着消费者对乳制品品质和安全性的要求不断提高，规模奶牛养殖场也需要通过引进优良品种、改善饲养环境等措施，提升乳制品的质量和安全性，以赢得消费者的信任和青睐。

2. 科技进步助力饲养规模扩大

随着科技的不断进步，奶牛养殖技术也在不断更新换代。新的饲养技术、繁育技术和疫病防控技术的应用，使得养殖场的生产效率和奶牛的生产性能得到了显著提升。这些技术的进步，为规模奶牛养殖场扩大饲养规模提供了有力的技术支撑。例如，通过引进优良品种和先进的繁育技术，养殖场可以培育出生产性能更高、抗病力更强的奶牛群体。这些奶牛不仅产奶量高、乳脂率和乳蛋白率等质量指标也更优秀，从而提高了乳制品的产量和质量。同时，先进的饲养管理技术也可以帮助养殖场实现精细化饲养，提高饲料的利用率和奶牛的健康水平，进一步降低生产成本和提高经济效益。

3. 养殖场自身对经济效益的追求推动饲养规模扩大

作为经济实体，规模奶牛养殖场在追求社会效益和生态效益的同时，也必须关注自身的经济效益。扩大饲养规模是提高经济效益的有效途径之一。通过增加奶牛存栏量、提高乳制品产量和质量，养殖场可以获得更高的销售收入和利润。同时，随着饲养规模的扩大，养殖场的规模效应也会逐渐显现，生产成本将进一步降低，从而提高整体的经济效益。然而，需要注意的是，扩大饲养规模并非一蹴而就。养殖场需要充分考虑自身的资金实力、技术水平和市场风险等因素，制订科学合理的发展规划和扩张策略。同时，在扩大饲养规模的过程中，还需要注重环保和可持续发展的问题，确保养殖活动对环境的影响在可控范围内。

4. 大型乳制品企业投资建设自有牧场的趋势

除了市场需求和科技进步的推动外，大型乳制品企业投资建设自有牧场也是推动规模奶牛养殖场饲养规模扩大的重要因素之一。为了确保奶源的稳定供应和质量安全，越来越多的大型乳制品企业开始积极投资建设自有牧场。通过建设自有牧场，乳制品企业可以更好地掌控奶源的质量和数量，确保生产所需的原奶供应稳定且质量可靠。同时，自有牧场的建设也有助于降低交易成本和提高整体经济效益。对于养殖场而言，与大型乳制品企业合作建设自有牧场不仅可以获得稳定的销售渠道和市场份额保障，还可以借助乳制品企业的品牌影响力和市场资源实现更快更好的发展。

（二）设施设备日益完善

1. 饲喂设备的进步与应用

规模奶牛养殖场普遍采用自动化饲喂系统，如全混合日粮饲喂车、自动喂料线等。这些设备可以根据奶牛的营养需求和采食习惯，精确控制饲料的配比和投喂量，确保奶牛获得均衡、充足的营养。同时，自动化饲喂系统还可以减少人工投喂的误差和劳动强度，提高饲料的利用率和饲养效率。通过安装传感器和智能监控设备，可以实时监测奶牛的采食情况、健康状况等信息，为饲养管理提供数据支持。智能化饲喂技术还可以根据奶牛的实际需求进行个性化投喂，进一步提高饲养效果和奶牛的生产性能。

2. 挤奶设备的升级与革新

规模奶牛养殖场普遍采用自动化挤奶设备，如管道式挤奶机、自动脱杯器等。这些设备可以实现奶牛的自动排队、自动清洗、自动挤奶等功能，大大提高了挤奶效率和卫生水平。同时，自动化挤奶设备还可以减少人工操作对奶牛乳房的伤害和感染风险，保障奶牛的健康和乳制品的质量安全。随着信息技术的发展，智能化挤奶管理系统逐渐应用于规模奶牛养殖场。该系统可以通过传感器和监控设备实时监测奶牛的产奶量、乳脂率、乳蛋白率等指标，为饲养管理提供科学依据。同时，智能化挤奶管理系统还可以实现远程监控和数据分析功能，帮助养殖场及时了解奶牛的生产性能和健康状况，为科学决策提供支持。

3. 环境控制设备的优化与创新

规模奶牛养殖场通常采用大型通风设备、湿帘降温系统等来调节牛舍内的温度和湿度。这些设备可以在炎热的夏季为奶牛提供凉爽、舒适的生活环境，减少热应激对奶牛生产性能的影响。同时，合理的通风降温设备还可以降低牛舍内的氨气浓度和微生物数量，改善空气质量和环境卫生。随着物联网技术的发展，智能化环境监控系统逐渐应用于规模奶牛养殖场。该系统可以通过传感器实时监测牛舍内的温度、湿度、氨气浓度等指标，为饲养管理提供数据支持。同时，智能化环境监控系统还可以实现远程监控和自动控制功能，帮助养殖场及时调整环境参数，确保奶牛生活在最佳环境中。

4. 设施设备完善带来的积极影响

自动化、智能化的饲喂设备、挤奶设备和环境控制设备的应用，大大提高了规模奶牛养殖场的生产效率。这些设备可以减少人工操作的时间和劳动强度，提高饲养管理的精准度和有效性，从而增加奶牛的生产性能和乳制品的产量。设施设备的完善可以降低规模奶牛养殖场的生产成本。自动化饲喂系统和挤奶设备可以减少饲料的浪费和人工成本的支出；环境控制设备可以降低能耗和维修费用；智能化技术的应用还可以提高饲养管理的科学性和精准度，进一步降低生产成本。自动化、智能化的设施设备为奶牛提供了更加舒适、健康的生活环境。合理的饲喂设备可以确保奶牛获得均衡、充足的营养；挤奶设备的升级可以减少对奶牛乳房的伤害和感染风险；环境控制设备的优化可以改善牛舍内的空气质量和环境卫生，从而降低奶牛的应激反应和疾病发生率，促进养殖业可持续发展。设施设备的完善是规模奶牛养殖场实现可持续发展的重要保障。通过引进先进的饲喂设备、挤奶设备和环境控制设备，养殖场可以提高生产效率、降低生产成本、改善奶牛福利，从而增强自身的竞争力和适应能力。

（三）饲养管理更加科学

1. 饲养管理制度的完善与执行

规模奶牛养殖场通常制订了严格的饲养管理制度，包括奶牛饲料配方、饲喂计划、疫病防控方案等。这些制度确保了奶牛饲养的各个环节都有章可循，避免了饲养过程中的随意性和盲目性。同时，养殖场还会根据实际情况对制度进行定期修订和完善，以适应市场需求和奶牛生产性能的变化。规模奶牛养殖场通常配备有专业的管理团队，包括场长、技术员、饲养员等。每个岗位都有明确的职责和权限，确保饲养管理的各项工作能够得到有效落实。此外，养殖场还会定期对管理团队进行培训和考核，提高其专业素养和管理能力。

2. 操作规程的细化与实施精细化的操作

规模奶牛养殖场的操作规程通常非常细化，涵盖了奶牛饲养的各个环节。例如，在饲喂环节，操作规程会详细规定饲料的种类、数量、投喂时间等；在繁育环节，操作规程会明确选种选配、人工授精、妊娠诊断等具体操作流程。这些规程的制订和实施，确保了饲养管理的精准度和一致性。为了确保操作规程的有效执行，规模奶牛养殖场通常建立了监督与考核机制。一方面，养殖场会定期对饲养管理过程进行检查和评估，确保各项工作符合操作规程的要求；另一方面，养殖场还会根据检查结果对饲养管理人员进行奖惩，激励其更加认真地执行操作规程。

3. 先进饲养管理理念和技术手段的应用

全混合日粮（total mixed ration，TMR）饲喂技术是近年来在规模奶牛养殖场中广泛应用的先进饲喂技术。该技术通过将精饲料、粗饲料和矿物质等按一定比例混合后投喂给奶牛，确保奶牛获得均衡、充足的营养。TMR 饲喂技术的应用不仅可以提高饲料的利用率和奶牛的生产性能，还可以降低饲喂成本和人工劳动强度。奶牛生产性能测定（dairy herd improvement，DHI）技术是评估奶牛生产性能的重要手段。通过定期采集奶牛的产奶量、乳脂率、乳蛋白率等数据，并对数据进行统计和分析，可以了解奶牛的生产性能状况，为饲养管理提供科学依据。DHI 技术的应用可以帮助养殖场及时发现生产性能低下的奶牛，并采取相应的措施进行改进，从而提高整体的生产效益。该系统可以通过传感器实时监测奶牛的采食、饮水、运动等行为数据，为饲养管理提供数据支持。同时，智能化饲养管理系统还可以实现远程监控和自动控制功能，帮助养殖场更加便捷地管理奶牛饲养过程。

4. 科学化、规范化饲养管理的积极影响

科学化、规范化的饲养管理可以确保奶牛获得均衡、充足的营养，减少疾病的发生和传播，从而提高奶牛的生产性能。通过应用先进的饲喂技术和管理手段，养殖场可以更加精准地控制奶牛的饲养环境和营养摄入，为奶牛创造最佳的生产条件。科学化、规范化的饲养管理可以确保奶牛的健康状况良好，从而降低乳制品中药物残留和微生物污染的风险。通过加强疫病防控和定期检测奶牛的生产性能，养殖场可以及时发现并处理潜在的安全隐患，确保生产的乳制品符合相关标准和要求。科学化、规范化的饲养管理可以提高奶牛的生产性能和乳制品的质量安全水平，从而增加养殖场的经济效益。通过降低饲喂成本、减少疾病损失和提高乳制品的销售价格等措施，养殖场可以实现更高的盈利水平和更强的市场竞争力。科学化、规范化的饲养管理是养殖业可持续发展的重要保障。通过引进先进的饲养管理理念和技术手段，养殖场可以提高自身的生产效率和资源利用率，减少对环境的污染和破坏。

（四）产业链整合趋势明显

1. 长期合作协议的建立与稳定供需关系的形成

为了确保奶源的稳定供应和乳制品的质量安全，许多规模奶牛养殖场与乳制品加工企业签订了长期合作协议。这些协议通常规定了双方的权利和义务，包括奶牛养殖场的奶源供应数量和质量、乳制品企业的收购价格和结算方式等。通过签订长期合作协议，养殖场和乳制品企业可以建立稳定的合作关系，降低市场波动对双方经营的影响。长期合作协议的签订有助于养殖场和乳制品企业之间形成稳定的供需关系。在这种关系下，养殖场可以根据协议要求组织生产，确保奶源的稳定供应；而乳制品企业则可以根据市场需求和协议规定，合理安排生产计划，降低库存成本和市场风险。稳定供需关系的形成还有助于提高整个乳业产业链的运行效率，促进乳业的可持续发展。

2. 大型乳制品企业的积极参与产业链整合投资

为了进一步加强奶源控制、提高乳制品质量安全水平，一些大型乳制品企业开始投资建设自有牧场。通过自有牧场的建设，乳制品企业可以直接掌控奶源的生产过程，确保原料奶的质量和安全。同时，自有牧场的建设还有助于乳制品企业实现产业链的整合，提高整个乳业产业链的运行效率。除了投资建设自有牧场外，一些大型乳制品企业还通过参股合作等方式积极参与到奶牛养殖环节。通过与养殖场建立股权合作关系，乳制品企业可以更加深入地参与到奶牛养殖的管理和决策，推动养殖场与乳制品企业之间的协同发展。这种参股合作模式还有助于实现资源共享和优势互补，提高整个乳业产业链的竞争力和盈利能力。

3. 紧密合作带来的积极影响

规模奶牛养殖场与乳制品加工企业的紧密合作可以降低交易成本。通过签订长期合作协议和建立稳定的供需关系，双方可以减少信息不对称和谈判成本，提高交易效率。同时，大型乳制品企业的积极参与和产业链整合还可以降低物流成本和库存成本，进一步提高整个乳业产业链的经济效益。紧密合作可以提高规模奶牛养殖场和乳制品加工企业的市场竞争力。通过共享资源、优势互补和协同发展，双方可以共同应对市场变化和挑战，提高产品质量和服务水平。同时，大型乳制品企业的积极参与和产业链整合还可以增强整个乳业产业链的议价能力和抗风险能力，提升整个行业的市场竞争力。规模奶牛养殖场与乳制品加工企业的紧密合作有助于推动乳业的健康发展。通过加强奶源控制、提高乳制品质量安全水平、降低交易成本和提高市场竞争力等措施，双方可以共同推动整个乳业产业链的升级和发展。这不仅有助于满足消费者对优质乳制品的需求，还可以促进农业结构调整和农民增收致富。

二、规模奶牛养殖场面临的挑战

（一）环保压力日益加大

1. 废弃物污染问题

规模奶牛养殖场在日常运营过程中会产生大量的粪污和废水，这些废弃物若处理不当，将直接对环境造成污染。粪污中富含有机物和氮、磷等营养物质，如果随意堆放或排放到环境中，不仅会产生恶臭，还可能引发水体富营养化、土壤污染等问题。废水中则含有大量的污染物质，如果未经处理直接排放，将对周边水体造成严重污染，甚至影响到地下水和饮用水源的安全。针对废弃物污染问题，养殖场需要采取有效的治理措施。首先，应建立完善的废弃物收集和处理系统，确保粪污和废水能够得到及时、有效地处理。其次，推广使用先进的环保技术和设备，如沼气发电、有机肥生产等，实现废弃物的资源化利用。此外，加强养殖场的日常管理和维护，确保各项环保设施的正常运行和废弃物的规范处理。

2. 养殖用地紧张问题

随着城市化进程的加快和土地资源的日益稀缺，养殖用地紧张已经成为制约规模奶牛养殖场发展的重要因素。在一些地区，由于土地资源的有限性和农业结构的调整，养殖用地不断被压缩和挤占，导致养殖场无法扩大规模或被迫转移。此外，随着环保法规的日趋严格，一些地区还划定了禁养区和限养区，进一步加剧了养殖用地紧张的问题。面对养殖用地紧张的局面，养殖场需要采取多种措施加以应对。首先，可以通过提高土地利用效率来缓解用地压力。例如，合理规划养殖场的布局和设施配置，减少土地占用；采用多层养殖、立体养殖等模式，运用先进的环控系统等提高单位面积的产出效益。其次，积极寻找新的养殖地点或拓展养殖空间。可以与当地政府或相关部门协商，争取在符合条件的区域内新建或扩建养殖场；也可以考虑与其他农业生产单位合作，共同利用土地资源。此外，加强科技创新和研发投入，推动养殖业向集约化、智能化方向发展，也是缓解用地紧张的重要途径。

3. 禁养限养问题

为了减轻养殖业对环境的污染压力，保护生态环境和居民健康，一些地区出台了禁养限养政策。这些政策通常规定在特定区域内禁止或限制养殖场的建设和运营，以达到减少废弃物排放、保护生态环境的目的。然而，禁养限养政策的实施也给养殖场带来了不小的影响和挑战。首先，禁养限养政策可能导致养殖场的规模缩小或被迫关闭。在禁养区内，养殖场需要按照政策要求停止养殖活动或转移至其他区域；在限养区内，养殖场则需要严格控制养殖规模和数量。这将对养殖场的经济效益和持续发展带来不利影响。其次，禁养限养政策还可能影响养殖场的供应链和市场竞争力。由于养殖规模的缩小或关闭，可能导致乳制品供应量减少、价格上涨等问题；同时，也可能影响养殖场的品牌形象和市场地位。为了应对禁养限养政策带来的挑战，养殖场可以采取以下措施：一是加强与政府和相关部门的沟通与协调，了解政策要求和实施细则，争取政策支持和引导；二是调整养殖计划和生产方式，减少废弃物排放和环境污染；三是加强科技创新和研发投入，提高养殖效率和产品质量；四是积极寻找新的市场机会和合作伙伴，拓展销售渠道和市场份额。同时，政府和相关部门也应加强对养殖场的指导和扶持力度，推动养殖业的绿色转型和升级发展。

（二）疫病风险不容忽视

1. 奶牛疫病的严重性与后果

奶牛疫病的暴发，常伴随着大量奶牛的死亡。这些无辜的生命，在疫病的摧残下，或痛苦挣扎，或悄然离去，给养殖场带来巨大的经济损失，而幸存下来的奶牛，也往往会因为疫病的侵袭而元气大伤，生产性能大幅下降。它们的产奶量减少，乳脂率、乳蛋白率等关键指标也会受到严重影响，导致乳制品的质量和安全无法得到有效保障。更为严重的是，奶牛疫病还可能对人类的健康构成威胁。一些人畜共患病，如布鲁氏菌病、结核病等，不仅可以感染奶牛，还可以通过乳制品或其他途径传播给人类，对人类的健康造成严重危害。此外，奶牛疫病的暴发还可能引发社会恐慌和不安定因素，对社会的稳定和发展造成不良影响。

2. 奶牛疫病对乳制品市场的影响

奶牛疫病对乳制品市场的影响也是不容忽视的。首先，疫病的暴发会导致乳制品的产量大幅减少。由于奶牛死亡和生产性能下降，养殖场的产奶量会大幅下降，乳制品的生产也会受到严重影响。这将导致市场上乳制品的供应量减少，价格上涨，给消费者带来经济压力。其次，奶牛疫病还可能影响乳制品的出口贸易。一些国家为了防止疫病传入本国，可能会对进口乳制品实施严格的检疫和限制措施。这将使得受疫病影响的养殖场无法将乳制品出口到这些国家，从而失去重要的市场机会。

同时，国际乳制品市场的价格也可能因为疫病的暴发而波动，给养殖场的出口贸易带来不确定性。

（三）市场竞争日益激烈

1. 小型养殖场和散户的竞争压力

在乳制品市场中，小型养殖场和散户以其独特的经营模式和成本优势，逐渐成为一股不可忽视的力量。这些养殖场和散户往往规模较小，饲养的奶牛数量有限，但正因为如此，它们在饲养管理、成本控制等方面更加精细和灵活。首先，小型养殖场和散户的饲养成本相对较低。由于规模较小，它们在饲料采购、设备投入等方面的成本相对较低，这使得它们在乳制品生产中具有天然的成本优势。同时，这些养殖场和散户往往采用家庭式经营模式，家庭成员共同参与饲养管理，人工成本也相对较低。其次，小型养殖场和散户的经营更加灵活。由于规模较小，它们可以更加灵活地调整饲养规模、产品结构等，以适应市场的变化。同时，它们在与大型养殖场的竞争中，往往能够更加快速地做出决策，抓住市场机遇。然而，小型养殖场和散户也存在一些不足之处，如技术水平相对较低、产品质量参差不齐等。因此，规模奶牛养殖场在面对这些竞争对手时，应充分发挥自身的技术优势、规模优势等，提高产品质量、降低成本，以在竞争中占据有利地位。

2. 进口乳制品对国内市场的冲击

随着国际贸易的不断深化和消费者需求的多样化，进口乳制品逐渐成为国内市场的一股重要力量。这些进口乳制品以其独特的品质、口感和价格优势，受到了越来越多消费者的青睐。首先，进口乳制品的品质和口感往往更加出色。由于国外在奶牛饲养、乳制品加工等方面的技术和管理水平相对较高，因此进口乳制品在品质和口感上往往更加出色。这使得它们在国内市场上具有很大的竞争优势。其次，进口乳制品的价格也具有一定的优势。由于国外乳制品生产成本相对较低，加上关税等政策的优惠，使得进口乳制品在国内市场上的价格相对较低。这使得它们在与国内乳制品的竞争中具有很大的价格优势。然而，进口乳制品的大量涌入也对国内市场造成了一定的冲击。一方面，它们加剧了国内市场的竞争程度，使得国内乳制品企业面临更大的市场压力；另一方面，它们也可能对国内乳制品企业的品牌形象、市场份额等造成一定的影响。

（四）技术创新和人才缺乏

技术创新和人才缺乏是制约规模奶牛养殖场进一步发展的重要因素之一。对于大规模奶牛养殖场而言，这两大挑战如同无形的枷锁，束缚着养殖场迈向更高水平、实现可持续发展的步伐。由于专业人才的匮乏和技术支持的不足，一些养殖场在饲养管理、疫病防控等关键环节上显得力不从心，面临着诸多困难和不足。在饲养管理方面，缺乏专业人才使得养殖场的日常饲养工作难以做到科学、精细。饲养员往往凭借经验和传统方法进行操作，无法根据奶牛的实际需求和生长阶段进行精准饲喂，导致饲养效率低下，奶牛的产奶量和质量也受到影响。同时，对于饲料的选择、搭配和储存等方面也缺乏科学的指导和管理，容易造成饲料的浪费和营养不均衡，进一步增加了饲养成本。

在疫病防控方面，技术支持的不足使得养殖场难以有效应对疫病的威胁。由于缺乏先进的检测设备和专业的技术人员，养殖场往往无法及时发现和控制疫病的传播，一旦疫病暴发，很容易给奶牛的健康和生产带来严重影响。同时，对于疫病的预防和控制也缺乏科学、系统的方案，使得养殖场的疫病防控工作处于被动状态，无法做到防患于未然。技术创新和人才缺乏不仅影响着养殖场的生产效率和经济效益，更关乎着奶牛的健康和乳制品的质量安全。在当前乳制品市场竞争日益激烈的情况下，规模奶牛养殖场要想在竞争中占据有利地位，必须正视这两大挑战，积极寻求解决之道。

第三节　数字化评估在规模奶牛养殖场的应用前景

一、生产效率提升

（一）精准饲喂

1. 数据采集与监测

实现精准饲喂的首要任务是获取准确、全面的奶牛采食、饮水和体重等数据。这需要通过安装智能化的监测设备，如电子秤、自动饲喂站、无线传感器等，对奶牛进行实时、连续的监测。这些设备能够自动记录奶牛的采食时间、采食量、饮水量等信息，并通过无线网络将数据传输至养殖场的管理系统中。

2. 数据分析与处理

采集到的数据需要经过专业的分析和处理，才能为饲喂方案的制订提供科学依据。养殖场可以利用专业的数据分析软件或平台，对奶牛的采食、饮水和体重等数据进行深入挖掘和分析。通过对比不同奶牛的数据差异，发现奶牛的采食习惯和营养需求特点，为后续的饲喂方案调整提供有力支持。

（二）智能挤奶

1. 实时监测技术

智能挤奶系统通过安装在奶牛身上的传感器以及挤奶设备上的监测装置，实时监测奶牛乳房的健康状况、产奶量以及挤奶过程中的各项参数。这些数据被实时传输至管理系统中，为养殖人员提供准确、全面的奶牛信息。实时监测技术的运用，使得养殖人员能够及时发现乳房健康问题，如乳腺炎、乳房肿胀等，从而迅速采取相应的治疗措施，保障奶牛的健康和产奶质量。同时，根据产奶量的实时数据，养殖人员可以更加精准地调整饲喂方案，确保奶牛获得充足的营养，提高产奶量。

2. 自动化挤奶技术

智能挤奶系统采用先进的自动化挤奶设备，如自动挤奶机器人、自动脱杯装置等，实现挤奶过程的自动化操作。这些设备能够根据奶牛乳房的实际情况和产奶需求，自动调整挤奶力度和频率，确保挤奶过程的舒适性和高效性。自动化挤奶技术的运用，不仅显著提高了挤奶效率，降低了人工成本，还避免了传统挤奶方式中可能出现的人为错误和操作不当等问题。同时，自动化挤奶设备具有高度的灵活性和可扩展性，能够适应不同规模养殖场的实际需求。

3. 智能化数据分析与决策支持

智能挤奶系统通过收集和分析实时监测数据，为养殖人员提供智能化的决策支持。这些数据包括奶牛乳房健康状况、产奶量、挤奶过程中的各项参数等，经过专业软件的处理和分析，能够生成直观、易懂的报告和图表。养殖人员可以根据这些报告和图表，全面了解奶牛的生产性能和健康状况，及时发现潜在问题并采取相应的解决措施。同时，智能化数据分析还能够为养殖场的饲喂管理、繁殖计划、疫病防控等方面提供有力支持，推动养殖场向数字化、智能化方向发展。

（三）繁殖管理

1. 发情监测：实时掌握奶牛繁殖状态

发情是奶牛繁殖周期中的重要阶段，准确掌握奶牛的发情信息是制订繁殖计划的基础。传统的发情监测方法主要依赖人工观察和行为记录，但这种方法存在主观性强、效率低下等问题。随着科技的发展，数字化技术为疫情监测提供了新的解决方案。

（1）发情监测技术的革新。借助先进的传感器技术和数据分析算法，现代发情监测系统能够实时监测奶牛的行为变化、活动量增加等发情特征。这些数据通过无线传输技术发送至养殖场的管理系统中，为养殖人员提供准确、及时的发情信息。与传统的观察法相比，数字化发情监测技术具有更高的准确性和客观性，能够显著提高繁殖管理的效率。

（2）舆情监测数据的价值挖掘。收集到的发情数据不仅用于判断奶牛是否处于发情期，还可以通过深入分析挖掘更多有价值的信息。例如，通过对历史发情数据的统计分析，可以预测奶牛未来的发情规律，为制订个性化的繁殖计划提供依据。此外，结合其他生产性能数据（如产奶量、体重变化等），还可以评估发情对奶牛整体健康状况的影响，为优化饲养管理提供参考。

2. 配种决策：科学制订繁殖计划

在掌握准确的发情信息后，如何制订科学的配种计划成为繁殖管理的核心任务。配种决策涉及多个方面，包括配种时间的选择、公牛的选择以及配种方式的确定等。数字化技术为这些决策提供了有力支持。

（1）配种时间的优化选择。根据发情监测数据，养殖人员可以准确把握奶牛的发情周期和最佳配种时间窗口。通过对比不同配种时间对繁殖成功率的影响，选择最佳的配种时机，从而提高受孕率和产犊率。此外，结合天气、季节等外部因素，还可以进一步优化配种计划，确保奶牛在最佳状态下进行配种。

（2）公牛选择的科学依据。在选择用于配种的公牛时，除了考虑其遗传品质和生产性能外，还需要结合奶牛自身的特点进行匹配。数字化技术可以帮助养殖人员全面评估公牛的遗传价值、健康状况以及与母牛的亲和力等因素。通过对比分析不同公牛与母牛配种后的后代表现，为养殖场选择最适合的公牛提供科学依据。

3. 配种方式的创新应用

随着科技的进步，人工授精等现代配种方式在奶牛养殖业中得到广泛应用。这些方式不仅可以提高配种的准确性和成功率，还能降低疾病传播的风险。数字化技术在这些配种方式中发挥着重要作用，如通过智能设备精确控制授精剂量和时间，确保每次配种都能达到最佳效果。

4. 妊娠管理：确保奶牛健康妊娠与安全生产

成功配种后，如何确保奶牛健康妊娠并顺利产下优质后代是繁殖管理的又一重要任务。数字化技术在妊娠管理中的应用主要体现在以下几个方面。

（1）早期妊娠诊断与监测。借助先进的生物技术和检测设备，养殖人员可以在奶牛配种后的早期阶段进行妊娠诊断。这些诊断方法包括血液激素检测、超声检查等，能够准确判断奶牛是否成功受孕以及胎儿的发育情况。通过及时发现和处理妊娠问题（如胚胎死亡、流产等），可以降低养殖风险并提高繁殖效率。

（2）妊娠期饲养管理优化。妊娠期是奶牛生长发育和胎儿形成的关键时期，合理的饲养管理对保障母牛健康和胎儿正常发育至关重要。数字化技术可以帮助养殖人员根据妊娠期母牛的营养需求和生理特点，制订个性化的饲喂方案。通过精确控制饲料成分和投喂量，确保母牛获得全面均衡的营养供给，满足自身和胎儿的生长需要。

（3）分娩期管理与助产技术应用。分娩期是奶牛繁殖周期中最为关键的时期之一，也是风险最高的阶段。数字化技术可以帮助养殖人员实时监测分娩过程中的异常情况（如难产、胎儿窒息等），及时采取助产措施确保母牛和胎儿的安全。此外，通过记录分娩过程中的关键数据（如分娩时间、胎儿体重等），可以为后续繁殖计划和饲养管理提供宝贵经验。

二、资源配置优化

（一）人力资源配置

在现代化的养殖场中，人力资源的配置已成为提升整体运营效率和生产质量的关键因素。传统的人力资源管理模式往往基于经验和直觉，但随着数字化技术的发展，数据驱动的人力资源配置策略正逐渐成为主流。通过对养殖场员工的工作效率、技能水平等数据的深入分析，可以制订更具针对性的员工培训计划，实现人力资源的最优配置，从而显著提高员工素质和工作效率。在数字化时代，数据是决策的基础。对于养殖场而言，员工的工作效率、技能水平等数据是宝贵的资源。这些数据不仅可以反映员工当前的工作状态，还可以预测其未来的发展潜力。因此，通过收集、整理和分析这些数据，可以为养殖场的人力资源管理提供有力的支持。数据分析可以帮助养殖场识别员工的工作效率差异。通过对比不同员工在同一岗位上的工作效率，可以发现哪些员工表现优秀，哪些员工存在提升空间。对于表现优秀的员工，可以给予更多的激励和奖励，以保持其高昂的工作热情；对于存在提升空间的员工，则可以制订个性化的培训计划，帮助其提高技能水平和工作效率。

这种基于数据的员工分类管理，可以确保培训资源的合理分配，避免资源的浪费。数据分析还可以揭示员工的技能短板。在养殖场的日常运营中，不同岗位对员工的技能要求各不相同。通过数据分析，可以明确每个岗位的核心技能需求，以及员工在这些技能上的掌握情况。这样，就可以针对员工的技能短板制订专门的培训计划，帮助员工快速掌握所需技能，提高岗位适应能力。这种以技能需求为导向的培训模式，可以确保员工所学即所用，缩短培训成果转化为生产力的时间。数据分析在人力资源配置中的另一个重要应用是岗位调配。养殖场的生产需求随着季节、市场变化等因素而波动，因此，需要根据实际情况灵活调整员工岗位。通过数据分析，可以预测未来一段时间内的生产需求变化，从而提前进行岗位调配规划。这种基于数据的岗位调配，可以确保员工在最合适的岗位上发挥最大的价值，实现人力资源的最优配置。除了上述应用外，数据分析还可以帮助养殖场建立员工绩效评估体系。通过对员工的工作效率、技能水平、工作态度等多维度数据的综合评估，可以形成全面、客观的员工绩效评价结果。

这种以数据为基础的绩效评估体系，不仅可以作为员工晋升、奖惩的依据，还可以为员工培训和发展提供指导方向。在实施数据驱动的人力资源配置策略时，养殖场需要注意以下几点：一是要确保数据的准确性和完整性，避免因为数据质量问题导致决策失误；二是要注重数据的时效性和动态性，及时更新和调整数据分析结果以适应变化的生产需求；三是要关注员工的个人发展和职业规划，确保培训计划与员工的个人目标相契合；四是要建立良好的沟通和反馈机制，确保员工对培训计划和岗位调配的认同和支持。

（二）饲料资源配置

1. 饲料库存数据的实时监测与分析

饲料库存数据是养殖场制订采购计划的基础。通过实时监测库存量、库存结构以及库存周转率等关键指标，养殖场可以准确掌握当前饲料库存状况，为后续的采购决策提供依据。例如，当某种饲料的库存量低于安全库存时，养殖场就需要及时发起采购流程，以避免出现饲料短缺的情况。同时，对库存数据的深入分析还可以帮助养殖场发现库存管理中存在的问题。比如，如果某种饲料的库存周转率持续偏低，可能意味着该饲料的采购量过大或者使用量不足。针对这种情况，养殖场可以调整采购策略，减少不必要的库存积压，提高资金使用效率。

2. 采购价格数据的实时监测与分析

采购价格是影响饲料成本的关键因素之一。通过对市场价格、供应商报价等数据的实时监测和分析，养殖场可以把握市场价格动态，选择合适的采购时机和供应商，从而降低采购成本。例如，在市场价格低迷时，养殖场可以适当增加采购量，以锁定较低的采购成本；在市场价格高涨时，则可以减少采购量或者寻找其他价格更优惠的供应商。此外，对采购价格数据的深入分析还可以帮助养殖场评估供应商的定价策略和服务质量。通过对比不同供应商的报价和服务，养殖场可以选择性价比最高的供应商进行合作，进一步提高采购效益。

3. 饲料质量数据的实时监测与分析

饲料质量直接关系到养殖动物的生长性能和健康状况，因此也是养殖场在制订饲料采购计划时必须考虑的重要因素之一。通过对饲料营养成分、卫生指标等质量数据的实时监测和分析，养殖场可以确保采购的饲料符合质量要求，避免因饲料质量问题导致的动物生长受阻或疾病发生。同时，对饲料质量数据的深入分析还可以帮助养殖场优化饲料配方和饲喂方案。通过对比不同饲料配方的营养成分和饲喂效果，养殖场可以选择最适合当前养殖动物的饲料配方和饲喂方案，提高动物的生长性能和饲料利用率，从而降低单位产品的饲料成本。

4. 综合数据分析与饲料采购计划制订

在实时监测和分析饲料库存、采购价格和质量等数据的基础上，养殖场还需要进行综合数据分析，以制订科学的饲料采购计划。这一计划应综合考虑养殖场的生产需求、资金状况、市场风险以及供应商情况等多方面因素，确保采购的饲料数量、种类和质量既能满足生产需要，又能降低采购成本。此外，在制订饲料采购计划时，养殖场还需要关注市场动态和政策变化对饲料价格和质量可能产生的影响。例如，当政府出台新的环保政策或贸易政策时，可能会对饲料原料的价格和供应产生影响。针对这种情况，养殖场需要及时调整采购策略，以应对潜在的市场风险。

（三）设备资源配置

1. 设备运行数据的实时监测与分析

养殖场的各类设备，如饲料加工设备、环境控制设备、养殖池塘设备等，其运行状况直接影响到养殖生产的顺利进行。因此，对这些设备的运行数据进行实时监测和分析显得尤为重要。通过安装传感器、使用物联网技术等手段，我们可以实时收集设备的运行数据，如运行时间、运行状态、能耗等，并对这些数据进行深入分析。例如，通过分析设备的运行时间数据，我们可以了解设备的工作负载情况，从而判断设备是否存在过载或闲置的问题。对于过载的设备，我们可以考虑增加设备数量或优化生产流程以减轻其负担；对于闲置的设备，则可以考虑在其他生产环节加以利用或进行租赁、出售等处理。

2. 设备维修数据的记录与分析

除了对设备的运行数据进行监测和分析外，对设备的维修数据进行记录和分析也是设备资源配置的重要环节。维修记录中包含了设备发生故障的时间、故障类型、维修措施等关键信息，这些信息对于制订设备的维护保养计划具有重要的参考价值。通过对维修数据的分析，我们可以发现设备的常见故障类型和原因，从而针对性地制订预防措施和改进方案。例如，如果某种设备的某个部件经常发生故障，我们可以考虑对该部件进行升级或更换，以提高设备的可靠性和耐用性。同时，对维修数据的分析还可以帮助我们评估设备的维护保养成本。通过对比不同设备的维修频率和维修费用，我们可以选择性价比更高的设备进行采购和使用，从而降低设备的整体运行成本。

3. 科学制订设备维护保养计划

基于对设备运行数据和维修数据的分析，我们可以为养殖场制订科学的设备维护保养计划。这一计划应明确设备的维护保养周期、维护保养内容以及维护保养的责任人等信息，确保设备的维护保养工作能够按时、按质完成。通过科学合理地维护保养计划，我们可以及时发现并处理设备的潜在问题，避免小问题变成大问题，从而延长设备的使用寿命。同时，定期对设备进行维护保养还可以保持设备的良好状态，提高设备的运行效率和生产质量。

4. 提升设备使用效率的策略

除了制订科学地维护保养计划外，我们还可以通过其他策略来提升设备的使用效率。例如，通过对员工进行设备操作培训，提高员工的设备操作技能和熟练度，减少因操作不当造成的设备故障和损坏。此外，优化生产流程和设备布局也可以提高设备的使用效率。通过合理安排生产任务和设备使用顺序，避免设备的频繁启动和停止；通过优化设备布局，减少物料搬运和设备移动的距离和时间，从而提高整体生产效率。

三、加强疫情防控

（一）健康监测

1. 智能耳标的工作原理与功能

智能耳标是一种集成了多种传感器的可穿戴设备，通过佩戴在奶牛的耳朵上，实时监测奶牛的体温、呼吸频率、运动量等生理指标。这些传感器能够高精度地采集数据，并通过无线传输技术将数据发送至中央处理系统进行分析和处理。智能耳标的功能远不止于此。除了实时监测生理指标外，它还可以记录奶牛的采食、饮水等行为数据，甚至可以通过内置的 GPS 追踪奶牛的位置。这些数据为牧场管理人员提供了丰富的信息来源，有助于他们更全面地了解奶牛的健康状况和生活习性。

2. 实时监测与异常情况发现

通过智能耳标实时监测奶牛的生理指标，牧场管理人员可以及时发现异常情况。例如，当某头奶牛的体温突然升高或呼吸频率异常加快时，这可能是疫病发生的早期信号。此时，管理人员可以迅速采取措施，如隔离病牛、调整饲养环境或请兽医进行诊治，从而有效控制疫病的传播和扩散。此外，智能耳标还可以帮助管理人员发现奶牛行为上的异常。

3. 数据驱动的疫病防控策略

智能耳标收集的大量数据为疫病防控策略的制订提供了有力依据。通过对这些数据的深入挖掘和分析，牧场管理人员可以了解疫病的发生规律、传播途径和影响因素，从而制订出更加科学、有效的防控措施。例如，通过对历史数据的分析，管理人员可以发现某些季节或气候条件下疫病发生率较高。针对这些情况，他们可以提前调整饲养管理策略，如加强通风换气、调整饲料配方或增加消毒频次等，以降低疫病发生的风险。同时，通过对不同生理指标和行为数据的关联性分析，管理人员还可以评估各种防控措施的效果，为后续的优化调整提供依据。

4. 智能耳标在奶牛健康监测中的优势与挑战

智能耳标在奶牛健康监测中具有诸多优势。首先，它可以实现实时监测和连续记录数据，为牧场管理人员提供即时、准确的信息反馈。其次，通过无线传输技术将数据发送至中央处理系统进行分析和处理，显著提高了工作效率和数据准确性。最后，智能耳标的应用有助于实现畜牧业的数字化转型和智能化升级，提升整个产业的竞争力。然而，在实际应用中，智能耳标也面临着一些挑战。例如，如何确保传感器在恶劣环境下的稳定性和准确性是一个亟待解决的问题。此外，由于不同品种、年龄和体况的奶牛在生理指标上存在差异，如何为每头奶牛制订个性化的监测方案也是一个具有挑战性的课题。

（二）疫病预警

1. 历史数据收集与处理

要构建有效的疫病预警模型，首先需要收集大量关于奶牛疫病发生情况的历史数据。这些数据应包括疫病的种类、发生时间、地点、感染奶牛的数量和特征、疫病的传播速度和范围等信息。数据的来源可以是养殖场的记录、兽医的诊断报告、实验室的检测结果等。在收集数据的过程中，要确保数据的准确性和完整性，避免因为数据错误或遗漏导致预警模型的失真。收集到的原始数据往往需要进行预处理，包括数据清洗、数据转换和数据标准化等步骤。数据转换则是将原始数据转换为适合建模的形式，如将文本信息转换为数字代码，将连续变量进行离散化等。数据标准化则是将数据按照统一的规范进行处理，以便不同来源和格式的数据能够进行有效地比较和分析。

2. 疫病预警模型的构建

在完成历史数据的收集和处理后，我们可以开始构建疫病预警模型。根据数据的特征和疫病的传播规律，可以选择合适的建模方法，如统计分析、机器学习或深度学习等。例如，可以使用回归分析来探究疫病发生与各种因素之间的关系；可以使用决策树或随机森林等分类算法来预测奶牛是否可能感染某种疫病；还可以使用神经网络或时间序列分析等复杂模型来模拟疫病的传播过程和预测未来的发展趋势。在构建预警模型的过程中，还需要考虑模型的验证和评估。通过使用交叉验证、留出法或自助法等技术，可以将数据集分为训练集和测试集，分别用于模型的训练和测试。通过对测试集上的预测结果与实际结果进行比较，可以评估模型的准确性和泛化能力。同时，还可以使用各种评价指标，如准确率、召回率、F1 分数等，来全面评估模型的性能。

3. 预警模型的应用与优化

构建好的疫病预警模型可以应用于养殖场的实际生产中。通过将实时监测到的奶牛生理指标、环境参数等数据输入预警模型中，可以得到关于疫病发生的概率和可能性的预测结果。这些结果可以帮助养殖场管理人员及时发现问题并采取相应的防控措施，如隔离病牛、加强消毒、调整饲养密度等。通过科学的防控措施，可以有效地降低疫病的发生率和传播速度，保障奶牛的健康和生产性能。然而，预警模型并不是一成不变的。随着时间的推移和环境的变化，疫病的传播规律和影响因素可能会发生变化。因此，需要定期对预警模型进行更新和优化。这包括收集新的数据来扩充数据集、改进模型的算法和结构以提高预测精度、调整模型的参数以适应新的环境和条件等。通过不断地优化和改进，可以使预警模型保持准确性和有效性，为养殖场的疫病防控工作提供持续的支持。

（三）疫病溯源

1. 疫病溯源的重要性

疫病溯源是指在疫情发生后，通过科学的方法和技术手段，追踪疫病的起源和传播途径，以找到疫情的源头和传播链。这对于制订有效的防控策略、切断传播途径、防止疫情扩散具有至关重要的意义。在奶牛养殖业中，疫病溯源不仅关乎单个养殖场的生死存亡，更涉及整个畜牧业的健康发展。

2. 奶牛活动轨迹与接触史的数据收集

要进行疫病溯源，首先需要收集奶牛的活动轨迹和接触史数据。这些数据包括奶牛的移动路径、与其他动物的接触情况、饲养环境的变化等。通过安装定位设备、记录饲养日志、实时视频监控等手段，可以获取这些关键信息。这些数据不仅能够帮助我们了解奶牛的日常活动规律，还能在疫病发生时提供重要的线索。

3. 数据分析与疫源锁定

收集到数据后，我们需要运用统计学、流行病学等方法对数据进行分析。通过对比健康奶牛与患病奶牛的活动轨迹和接触史，我们可以发现潜在的疫源和传播途径。例如，如果某头患病奶牛在发病前曾与某特定区域的其他动物有频繁接触，那么这个区域很可能就是疫源所在地。同时，我们还可以利用数据分析工具对疫情的传播速度和范围进行预测，为防控工作提供科学依据。

4. 防控策略的制订与实施

在锁定疫源和传播途径后，我们需要立即制订并实施有效的防控策略。这包括隔离病牛、加强消毒措施、调整饲养密度、改善饲养环境等。同时，我们还需要对养殖场的工作人员进行培训，增强他们的防疫意识和操作技能。通过这些措施，我们可以迅速切断传播途径，防止疫情进一步扩散。

5. 持续监测与评估

疫病溯源工作并不是一劳永逸的。在疫情得到初步控制后，我们还需要对养殖场进行持续的监测和评估。这包括对奶牛的健康状况进行定期检查、对饲养环境进行定期采样检测等。通过这些措施，我们可以及时发现新的疫情苗头，确保防控工作的持续有效。

第四节　奶牛场的主要设备配置及维护管理

一、奶牛场主要设备配置

（一）挤奶设备

挤奶设备的种类繁多，常见的有挤奶机、挤奶管道、集乳器、真空泵等，这些都是奶牛场不可或缺的基础设施。挤奶机负责从奶牛乳房中有效、快速地提取牛奶，其性能直接影响到挤奶的速度和奶牛的舒适度。挤奶管道则负责将挤出的牛奶迅速、卫生地传输至集乳器中，避免牛奶在传输过程中的损失和污染。集乳器作为牛奶的临时储存容器，其设计和材质都须满足食品安全的严格要求。而真空泵则为整个挤奶系统提供必要的动力，确保挤奶过程的顺畅进行。在选择挤奶设备时，养殖者需要考虑的因素有很多。挤奶速度是一个重要的指标，它直接关系到奶牛场的工作效率。一套高性能的挤奶设备能在短时间内完成大量奶牛的挤奶工作，从而节省人力和时间成本。同时，挤奶的舒适度也不容忽视。如果设备设计不合理或使用不当，可能会给奶牛带来不必要的痛苦和压力，这不仅会影响牛奶的质量，还可能对奶牛的健康造成长期损害。

此外，牛奶的收集和处理便捷性也是选择挤奶设备时需要考虑的因素之一。理想的挤奶设备应能够自动完成牛奶的收集、计量和初步处理工作，以便后续的储存和运输。这不仅能减轻工作人员的工作负担，还能提高牛奶处理的卫生标准和效率。当然，设备的耐用性和易维护性也是不容忽视的。奶牛场的工作环境相对恶劣，设备需要经受长时间的高强度使用和各种环境因素的考验。因此，选择一套耐用、可靠且易于维护的挤奶设备对于保障奶牛场的长期稳定运行至关重要。耐用的设备能减少频繁更换和维修带来的额外成本和时间损失，而易维护的设备则能在出现问题时迅速恢复正常工作，减少生产中断的风险。

（二）饲喂设备

饲料搅拌车是奶牛场中不可或缺的设备之一。它的主要任务是将各种饲料原料进行均匀混合，确保每头奶牛都能摄取到营养全面的日粮。饲料搅拌车的选择应考虑到其搅拌效率、混合均匀度以及耐用性等因素。一辆高效的饲料搅拌车能够在短时间内完成大量饲料的混合工作，从而提高饲喂效率，减少劳动力成本。紧接着，饲料投放车也是奶牛场中的重要角色。它的作用是将混合好的饲料准确、快速地投放到每头奶牛的食槽中。饲料投放车的选择应依据奶牛场的规模和饲养方式来定。对于规模较大的奶牛场，自动化的饲料投放车能够显著提高工作效率，减少人工投喂的误差和不均匀性。当然，随着科技的进步，自动喂料系统在现代奶牛场中的应用越来越广泛。这种系统能够根据每头奶牛的营养需求和采食习惯，精确地控制饲料的投放量和投放时间。

自动喂料系统的优点在于能够确保奶牛在任何时候都能获得新鲜、营养全面的饲料，从而提高奶牛的产奶量和健康状况。在选择自动喂料系统时，需要考虑到其精准度、可靠性以及易操作性等因素。除了饲料设备外，水槽和饮水器也是奶牛场中不可或缺的部分。水是奶牛生命活动中必不可少的要素，因此确保奶牛能够随时获得清洁的饮水至关重要。水槽和饮水器的设计和选择应考虑到奶牛的饮水习惯、设备的卫生状况以及水的消耗量等因素。理想的水槽和饮水器应能够保持水的清洁和新鲜，易于清洗和消毒，以满足奶牛健康饮水的需求。在选择饲喂设备时，奶牛场的规模、饲养方式以及饲料的种类和形态都是需要考虑的重要因素。例如，对于大型奶牛场来说，高效率的饲料搅拌车和自动化的喂料系统是首选。此外，饲料的种类和形态也会影响到饲喂设备的选择。例如，对于需要混合多种原料的精料来说，饲料搅拌车是必不可少的，而对于干草等粗饲料来说，可能需要专门的切割和投放设备。

（三）牛舍环境控制设备

通风设备是牛舍环境中不可或缺的一部分。它们的主要任务是确保牛舍内空气流通，防止有害气体和湿度的积聚。通风不良会导致空气质量下降，不仅影响奶牛的呼吸健康，还可能导致疾病的传播。因此，牛舍中配置高效、静音的通风设备是至关重要的。这些设备通过合理的布局和设计，确保新鲜空气能够均匀分布到牛舍的每一个角落，同时将污浊的空气及时排出。在选择通风设备时，除了考虑其通风效率外，还需要关注其噪声水平，以避免对奶牛造成不必要的应激。温控设备在极端天气条件下为奶牛提供了适宜的温度环境。奶牛对温度的适应性相对较弱，过高或过低的温度都会对它们的健康和生产性能产生不良影响。在炎热的夏季，温控设备（如空调、风扇等）可以有效地降低牛舍内的温度，为奶牛提供清凉的避暑环境。而在寒冷的冬季，供暖设备则能确保牛舍内的温度保持在适宜的水平，防止奶牛受寒。这些温控设备的智能化管理也是现代奶牛场的一大特色，它们可以根据外界温度和牛舍内的实际情况自动调节工作状态，以满足奶牛对舒适温度的需求。清洁设备在保持牛舍卫生方面发挥着至关重要的作用。

刮粪机、清洗机等设备可以定期清理牛舍内的粪便和污物，保持牛舍的干净整洁。这些设备的高效工作不仅减少了人工清理的劳动强度和时间成本，还提高了牛舍的卫生标准。一个干净的牛舍不仅有利于奶牛的健康，还能提高牛奶的质量和产量。此外，清洁设备还能有效减少有害细菌和病毒的滋生和传播，从而降低奶牛疾病的发生率。除了上述三大类别的设备外，牛舍内还可以配置一些辅助设备来进一步提升奶牛的生活舒适度。例如，自动喂水系统可以确保奶牛随时获得清洁的饮水；音响设备可以播放柔和的音乐来缓解奶牛的压力和焦虑；还有照明设备可以根据需要调节牛舍内的光照强度和时间等。这些辅助设备虽然看似微不足道，却能在细节上体现对奶牛的人文关怀和精细化管理。

（四）繁殖与健康管理设备

发情检测设备是奶牛繁殖管理中的重要工具。发情是奶牛进行配种的前提，准确掌握奶牛的发情时间对于提高配种成功率和优化繁殖计划至关重要。现代的发情检测设备采用了先进的生物传感技术和数据分析算法，能够实时监测奶牛的行为变化、生理指标等，从而准确判断奶牛是否进入发情期。这些设备不仅可以提高发情检测的准确性，还能够大大减轻养殖人员的工作负担，提高繁殖管理的效率。妊娠诊断设备也是奶牛繁殖管理中不可或缺的一环。通过及时、准确的妊娠诊断，养殖人员可以了解奶牛的受孕情况，制订合理的饲养管理计划和后续配种策略。现代的妊娠诊断设备采用了超声波探测技术、血液激素检测等多种手段，能够在奶牛怀孕早期就进行准确诊断。

这些设备的应用不仅提高了奶牛场的繁殖效率，还有助于缩短空怀期，节约饲养成本。除了繁殖管理设备外，奶牛场的健康管理设备同样重要。疫苗接种设备和疾病治疗设备是保障奶牛健康的关键。疫苗接种是预防奶牛疾病的有效手段，通过定期给奶牛接种疫苗，可以增强奶牛的免疫力，降低疾病发生的风险。现代的疫苗接种设备采用了自动化、精准化的技术，能够确保每头奶牛都能获得足够的疫苗剂量，提高疫苗接种的效果。当奶牛出现疾病症状时，及时、有效地治疗是防止病情恶化、保障奶牛健康的关键。奶牛场的疾病治疗设备包括了各种诊断仪器、治疗设备和药品等。这些设备可以帮助养殖人员准确诊断奶牛的疾病类型，制订合理的治疗方案，确保奶牛能够得到及时、有效的治疗。同时，这些设备的应用还能够减少药物的使用量，降低药物残留对牛奶质量的影响。

（五）牛奶储存与运输设备

为了确保牛奶在这些环节中的品质不受损害，奶牛场必须配备高性能的设备，包括冷却罐、储奶罐以及奶罐车等。当新鲜的牛奶从奶牛身上挤出后，其温度通常较高，如果不及时冷却，很容易引发细菌滋生，导致牛奶变质。因此，奶牛场首先需要配置的是冷却罐。这种设备能够迅速将新挤出的牛奶冷却到适宜的温度，通常是4℃左右，在这个温度下，牛奶的保质期可以得到显著延长。冷却罐的设计应充分考虑其冷却效率和容量，以确保能够快速处理大量牛奶，并维持稳定的低温环境。同时，冷却罐的材质和内部结构也需要满足食品级卫生标准，易于清洗和消毒，以防止细菌滋生。

接下来是储奶罐，它的作用是在牛奶冷却后进行短期或长期地储存。与冷却罐相似，储奶罐也需要具备良好的保温性能和清洁卫生条件。储奶罐通常采用不锈钢等耐腐蚀、易清洗的材质制成，内部光滑无死角，以确保牛奶在储存过程中不会受到污染。此外，储奶罐还应配备先进的温度控制系统和监测设备，以实时监控牛奶的温度和质量变化，及时发现并处理潜在问题。奶罐车则是将牛奶从奶牛场运输到加工厂或其他销售点的关键设备。奶罐车的设计应充分考虑其运输效率和安全性。一方面，奶罐车需要具备足够的容量和合理的内部结构，以最大化地利用运输空间并确保牛奶在运输过程中的稳定性；另一方面，奶罐车也需要配备先进的冷却和保温系统，以维持牛奶在运输过程中的低温环境。此外，奶罐车的清洁卫生条件同样重要，它需要定期进行彻底的清洗和消毒，以防止细菌滋生和传播。

二、奶牛场设备的维护管理

（一）建立设备档案

设备的型号和规格是档案中的基础信息。了解设备的型号可以帮助养殖人员准确识别设备的种类和用途，确保在使用过程中不会出现误操作或混用的情况。而规格信息则详细描述了设备的各项技术参数，如功率、容量、尺寸等，这些数据对于评估设备的性能、制订合理的使用计划以及预测设备的寿命都具有重要意义。生产厂家是设备档案中另一个重要的记录项。不同厂家生产的设备在性能、质量以及售后服务等方面都可能存在差异。因此，了解设备的生产厂家可以帮助养殖人员在购买新设备或进行维修时做出更加明智的选择。同时，如果设备在使用过程中出现问题，养殖人员也可以及时联系厂家寻求技术支持或解决方案。安装日期是设备档案中的一个时间节点，它标志着设备正式投入使用的时间。记录安装日期可以帮助养殖人员掌握设备的实际使用年限，为设备的折旧、报废以及更换提供时间参考。此外，通过对比设备的安装日期和使用状况，养殖人员还可以评估设备的使用效率和维护保养情况，为设备的优化使用和管理提供依据。

维修记录是设备档案中动态更新的部分，它详细记录了设备在使用过程中的维修情况。每次维修的时间、原因、维修内容以及维修后的使用状况都应被详细记录并归档。这些维修记录不仅可以帮助养殖人员了解设备的故障历史和维修成本，还可以为未来的维修工作提供经验和参考。

（二）定期检查与保养

在设备检查方面，首要关注的是设备的紧固件。紧固件（如螺丝、螺母等）是设备各部分连接的重要元件，它们的松动可能会导致设备振动、噪声增大，甚至引发安全事故。因此，定期检查并紧固这些紧固件是保障设备稳定运行的基础。在检查过程中，要使用专业的工具，按照规定的扭矩进行紧固，确保每一个紧固件都达到标准要求。润滑部位的检查和保养同样重要。设备的运转离不开良好的润滑，润滑油的缺失或变质都可能导致设备磨损加剧、寿命缩短。因此，要定期检查设备的润滑部位，如轴承、齿轮等，确保润滑油充足且清洁。对于需要更换润滑油的部位，要选择合适的润滑油品种，并按照要求进行更换。电气线路的检查也是设备保养中不可忽视的一环。随着设备使用时间的增长，电气线路可能会出现老化、破损等问题，这些问题不仅会影响设备的正常运行，还可能引发火灾等安全事故。因此，要定期对电气线路进行检查，发现问题及时更换或修复。同时，要保持电气线路的清洁和干燥，防止因潮湿或污染而引发故障。除了以上提到的检查项目外，对于设备中需要定期更换的部件也要给予足够的关注。这些部件（如滤芯、密封件等）虽然不起眼，但却是设备正常运行的关键。滤芯的堵塞或破损会影响设备的过滤效果，导致杂质和金属颗粒进入设备内部，加剧磨损；而密封件的损坏则可能导致设备泄漏，影响设备的性能和安全性。因此，对于这些需要定期更换的部件，要制订详细的更换计划，并严格执行。更换过程中要选择正规厂家生产的部件，确保质量可靠。

在设备保养方面，除了以上提到的检查和更换工作外，还要注意设备的清洁和防腐。奶牛场设备在使用过程中会不可避免地沾染上奶牛排泄物、饲料残渣等污物，这些污物不仅会影响设备的性能和使用寿命，还可能滋生细菌、病毒等有害物质，对奶牛的健康造成威胁。因此，要定期对设备进行彻底的清洗和消毒工作。清洗时要使用专业的清洗剂和工具，确保将设备表面的污物彻底清除干净；消毒时则要选择安全有效的消毒剂，并按照规定的浓度和使用方法进行消毒处理。此外，对于设备的防腐工作也要给予足够的重视。奶牛场设备长期处于潮湿、腐蚀性的环境中，很容易受到腐蚀的侵害。因此，在设备的设计和制造阶段就要考虑防腐措施的应用；在使用过程中则要定期检查设备的防腐层是否完好；对于已经出现腐蚀的部位要及时进行修复和处理；同时还要加强设备的通风和干燥工作，以减缓腐蚀的速度和程度。

（三）维修与故障排除

对于简单的故障，如设备的某个部件松动或电气接触不良等，养殖人员通常可以自行处理。在进行维修时，养殖人员应首先确保自己的安全，关闭设备的电源并戴上必要的防护装备。然后，根据设备的维修手册或自己的经验，找到故障的原因并进行修复。这种简单的维修通常不需要太多的专业知识和技能，但也需要养殖人员具备一定的动手能力和设备维护的基本知识。然而，对于复杂的故障，如设备的主要部件损坏或电气系统出现故障等，养殖人员可能需要请专业的维修人员进行处理。这种复杂的维修通常需要专业的工具和设备，以及深厚的专业知识和经验。在选择维修人员时，养殖人员应选择有资质、有经验的专业人员，并确保他们熟悉奶牛场设备的特性和维修要求。同时，养殖人员也应与维修人员保持密切地沟通，了解维修的进展情况和可能遇到的问题，以便及时作出决策。在维修过程中，无论是养殖人员还是专业维修人员，都应注意安全操作。

设备在维修时可能处于不稳定或危险的状态，因此必须采取适当的安全措施来保护自己。例如，应关闭设备的电源并锁定开关，以防止意外启动；应戴上适当的防护装备，如手套、眼镜等；应使用正确的工具和设备，并按照规定的程序进行操作。此外，还应遵循设备的维修手册或制造商的建议，以确保维修的正确性和有效性。除了及时维修故障外，预防故障的发生也是非常重要的。通过定期检查、保养和更换易损件等措施，可以显著减少设备故障的发生率和影响程度。因此，养殖人员应制订并执行一套完善的设备维护和保养计划，以确保设备的长期稳定运行。同时，对于设备的维修和保养记录也应进行详细地管理。这些记录不仅可以帮助养殖人员了解设备的性能和使用情况，还可以为未来的维修和更换提供依据。

（四）培训与操作规范

设备的结构是操作的基础。养殖人员需要了解设备的各个部件的名称、位置和功能，这样才能在操作时做到心中有数。例如，对于挤奶设备，养殖人员需要了解挤奶杯、脉动器、真空泵等关键部件的作用和相互关系，以便在挤奶过程中正确操作。而对于喂料设备，养殖人员则需要了解料斗、输送带、电机等部件的工作原理和调节方法，以确保饲料能够均匀、准确地投喂给奶牛。设备的性能是操作的关键。养殖人员需要掌握设备的主要技术参数，如功率、转速、容量等，以便在实际操作中根据需要进行调整。此外，他们还需要了解设备的运行特点，如启动、停止、调速等过程中的注意事项，以防止因操作不当而造成设备故障或性能下降。例如，对于冷却罐这类设备，养殖人员就需要特别注意其冷却速度和保温性能，以确保牛奶在储存过程中不会变质。设备的使用方法是操作的核心。养殖人员需要按照厂家提供的操作手册或培训教程来操作设备，确保每一个步骤都正确无误。在使用过程中，他们还需要注意观察设备的运行状态，及时发现并处理异常情况。例如，在使用奶罐车进行运输时，养殖人员就需要严格遵守交通规则，确保车辆行驶平稳、安全；同时，他们还需要定期检查奶罐车的温度控制系统和密封性能，以防止牛奶在运输过程中受到污染或变质。

第二章　数字化评估模式构建基础

第一节　数字化评估的基本概念与原理

一、数字化评估的基本概念

数字化评估是指利用数字技术、方法和工具对特定对象进行量化分析、评价和预测的过程。这种评估方式基于大量的数据和信息，通过数学模型和算法进行处理，以得出客观、准确的结论。数字化评估广泛应用于各个领域，如企业绩效评估、项目风险管理、市场竞争力分析等，为决策提供科学依据。

在数字化评估中，数据是评估的基础。评估者需要收集与评估对象相关的各种数据，包括结构化数据（如数据库中的表格数据）和非结构化数据（如文本、图像、视频等）。这些数据经过清洗、整理和分析后，可以提取出有价值的信息和特征，用于构建评估模型。评估模型是数字化评估的核心。它是一组数学公式和算法的组合，用于描述评估对象与评估指标之间的关系。评估模型的构建需要基于统计学、机器学习、人工智能等理论和方法，以确保模型的准确性和可靠性。常用的评估模型包括回归分析、决策树、神经网络等。

二、数字化评估原理

（一）数据驱动原理

1. 数据质量对数字化评估结果的准确性影响

在数字化评估中，数据质量是评估结果准确性的关键因素。高质量的数据意味着数据的真实性、完整性和一致性得到了保障，从而能够更准确地反映评估对象的实际情况。如果数据存在错误、遗漏或不一致等问题，那么评估结果就可能产生偏差，甚至误导决策。为了提高数据质量，评估者需要采取一系列措施。首先，要确保数据来源的可靠性，选择权威、专业的数据提供商或使用经过验证的内部数据。其次，要对数据进行严格地清洗和校验，去除重复、异常或无效的数据，确保数据的准确性和一致性。最后，要定期对数据进行更新和维护，以保持数据的时效性和可用性。

2. 数据量对数字化评估结果的稳定性与可靠性影响

除了数据质量外，数据量也是影响数字化评估结果的重要因素。大量的数据可以增加评估的稳定性和可靠性，降低偶然因素对评估结果的影响。当数据量足够大时，评估结果更有可能接近真实情况，从而为决策提供更有力的支持。为了获取足够的数据量，评估者需要拓宽数据来源渠道，包括公开数据库、行业报告、市场调研等多种途径。同时，还需要运用大数据技术和方法对数据进行存储、处理和分析，以提取出有价值的信息和特征。在大数据环境下，评估者还可以利用数据挖掘和机器学习等技术发现数据之间的潜在关联和趋势，为评估提供更全面的视角。

3. 数据收集、处理和分析

数据收集、处理和分析是数字化评估中至关重要的3个环节。首先，数据收集是评估的起点，评估者需要根据评估目的和要求收集与评估对象相关的各种数据。在收集数据时，要注意数据的来源、类型和质量等因素，确保收集到的数据能够满足评估的需求。其次，数据处理是评估的关键环节之一。在收集到大量原始数据后，评估者需要对数据进行清洗、整理、转换和归纳等操作，以消除数据中的噪声、冗余和不一致性等问题。通过数据处理，可以提取出有价值的信息和特征，为后续的模型构建和结果分析提供基础。最后，数据分析是评估的核心环节。评估者需要运用统计学、机器学习等方法对数据进行分析和挖掘，以发现数据之间的关联和趋势。通过数据分析，可以构建出评估模型并对评估对象进行量化评价。同时，还需要对评估结果进行可视化和解释性说明，以便评估者和决策者能够更直观地理解和应用评估结果。

（二）量化分析原理

1. 量化分析的基础：将指标和数据转化为可比较的数值形式

数字化评估的核心在于对评估对象的量化分析。这意味着评估者需要将各种指标和数据转化为可以比较和计算的数值形式。这一过程不仅提高了评估的精确性，还使得评估结果更具客观性。通过量化，评估者能够将复杂的现象和抽象的概念简化为具体的数字，便于进行数学运算和统计分析。为了实现有效地量化分析，评估者需要选择合适的量化指标和建立科学的量化模型。量化指标的选择应基于评估目的和评估对象的特性，确保指标能够全面、准确地反映评估对象的状况。同时，量化模型的建立应遵循统计学原理和方法，确保模型的科学性和合理性。

2. 量化分析的优势：发现数据之间的关联和趋势

量化分析在数字化评估中具有显著优势。通过对大量数据进行统计分析，评估者可以发现数据之间的关联性和趋势性。这些关联和趋势往往揭示了评估对象的内在规律和特征，为深入理解评估对象提供了有力支持。例如，在市场营销领域，通过量化分析消费者行为数据，企业可以发现消费者的购买偏好、消费习惯以及市场需求的变化趋势。这些信息对于企业制订营销策略、优化产品组合和提高市场竞争力具有重要意义。

3. 量化分析的应用：揭示评估对象的内在规律和特征

量化分析在数字化评估中的应用广泛而深入。通过量化分析，评估者可以揭示出评估对象的内在规律和特征，为决策提供有力依据。这些规律和特征可能涉及评估对象的性能、效率、稳定性、可靠性等方面，对于全面了解和优化评估对象具有重要意义。例如，在生产制造领域，通过量化分析生产过程中的各种数据，企业可以发现生产流程中的瓶颈环节、设备故障率高的原因以及产品质量问题的根源。这些信息有助于企业改进生产工艺、提高设备维护水平和优化质量管理体系，从而实现生产效率的提升和产品质量的改进。此外，在人力资源管理领域，量化分析也发挥着重要作用。通过对员工的绩效数据进行量化分析，企业可以客观评价员工的工作表现、识别高潜力人才以及发现员工培训和发展的需求。这有助于企业建立公平合理的薪酬体系、制订有针对性的员工发展计划以及提高整体的人力资源管理水平。

（三）模型构建原理

1. 评估模型构建的理论基础

统计学、机器学习等理论和方法在这里扮演着至关重要的角色。统计学为评估模型提供了数据分析和推断的基础。通过统计方法，我们可以对收集到的数据进行描述性分析，以了解数据的分布、集中趋势和离散程度等特征。进一步地，统计推断方法（如回归分析、方差分析等）可以帮助我们探究变量之间的关系，为构建评估模型提供初步的思路和方向。机器学习则是评估模型构建的另一大理论支柱。机器学习算法能够从大量数据中自动学习并提取有用的信息和模式，进而构建出能够预测新数据的模型。在数字化评估中，常用的机器学习算法包括决策树、神经网络、支持向量机等。这些算法能够根据评估对象的特征和评估指标之间的关系，自动地学习和调整模型的参数和结构，以最大程度地拟合数据并提高预测精度。

2. 评估模型构建的方法论

考虑在构建评估模型时，除了理论基础外，还需要考虑方法论层面的问题。这主要包括数据的特征和分布情况、评估目的和要求等因素。数据的特征和分布情况是构建评估模型时必须考虑的因素。不同的数据类型和特征需要采用不同的处理方法和技术。例如，对于连续型数据，我们可以采用回归分析等方法来探究变量之间的关系；而对于离散性数据，则可能需要采用分类算法进行处理。此外，数据的分布情况也会影响到模型的构建和预测效果。如果数据存在严重的偏态或异常值等问题，就需要在构建模型前进行适当的预处理和清洗工作。评估目的和要求也是构建评估模型时需要考虑的重要因素。不同的评估目的和要求可能需要采用不同的评估指标和模型构建策略。

例如，如果评估的目的是预测未来的趋势或结果，那么就需要构建具有预测功能的模型；而如果评估的目的是对多个对象进行排序或分类，那么就需要构建相应的排序或分类模型。

3. 评估模型的优化与调整

评估模型的构建并不是一次性的过程，而是需要不断地优化和调整。通过不断地改进模型的参数和结构，可以提高模型的预测精度和泛化能力。优化评估模型的方法有很多，包括交叉验证、正则化、集成学习等。交叉验证可以帮助我们评估模型的预测性能和稳定性；正则化则可以防止模型过拟合并提高泛化能力；而集成学习则可以通过结合多个模型的预测结果来提高整体的预测精度。此外，在优化评估模型时，还需要注意避免一些常见的陷阱和误区。例如，过度拟合是一个常见的问题，它会导致模型在训练数据上表现良好，但在新数据上表现糟糕。为了避免过度拟合，我们可以采用一些策略，如增加数据量、减少模型复杂度或使用正则化等方法。

（四）结果可视化原理

1. 可视化呈现的重要性

数字化评估产生的结果往往包含大量的数据和信息，这些数据和信息对于评估者和决策者来说可能过于复杂和抽象，难以直接理解和分析。因此，将评估结果通过可视化的方式呈现出来显得尤为重要。可视化可以采用图表、图像、地图等多种形式，将复杂的数据和信息转化为直观、易懂的图形和图像，从而帮助评估者和决策者更快地掌握评估结果，发现其中的规律和趋势。

2. 可视化的多种形式及其应用

在数字化评估中，可视化的形式多种多样，每种形式都有其独特的应用场景和优势。例如，折线图可以用于展示评估对象在时间序列上的变化趋势，帮助评估者了解评估对象的历史表现和发展动态；柱状图则可以用于比较不同评估对象在同一指标上的表现，便于评估者进行横向对比和分析；而地图则可以用于展示评估对象在地理空间上的分布情况，有助于评估者发现地域性因素对评估结果的影响。除了这些常见的可视化形式外，还有一些更高级的可视化技术，如热力图、散点图矩阵、三维立体图等，这些技术可以进一步揭示数据之间的复杂关系和内在结构。例如，通过热力图可以直观地展示数据矩阵中各个元素之间的相关性强度；散点图矩阵则可以同时展示多个变量之间的两两关系，帮助评估者发现变量之间的潜在联系；而三维立体图则可以用于展示多维数据在空间中的分布情况，为评估者提供更全面的视角。

3. 可视化在决策中的应用与价值

可视化在数字化评估中的应用不仅限于呈现评估结果，更重要的是它能够为决策提供支持。通过可视化展示，评估者和决策者可以更直观地理解评估结果，发现数据中的异常值和趋势，从而更好地把握评估对象的性能和特征。这些信息和洞察对于制订科学、合理的决策具有重要意义。例如，在市场营销决策中，通过可视化展示消费者行为数据和市场趋势，企业可以更准确地把握市场需求和消费者偏好，从而制订更有针对性的营销策略；在人力资源管理决策中，通过可视化展示员工绩效数据和人才分布情况，企业可以更科学地制订人才招聘、培训和发展计划；在城市规划决策中，通过可视化展示城市人口、交通、环境等各方面的数据和信息，政府可以更全面地了解城市发展现状和问题，为制订科学、合理的城市规划提供依据。

（五）持续改进原理

1. 持续的数据收集与信息处理

数字化评估的基础是数据，而数据的时效性和准确性对于评估结果至关重要。因此，数字化评估必须是一个持续的过程，需要不断收集新的数据和信息。这些数据可能来自各种渠道，如传感器、用户反馈、市场调研等。随着数据的积累，评估者可以对评估对象进行更全面、更深入的分析。同时，数据处理也是数字化评估中不可或缺的一环。随着大数据技术的发展，评估者需要运用各种算法和工具对海量数据进行清洗、整合和分析，以提取出有价值的信息。这些信息不仅可以用于更新和改进评估模型，还可以为决策提供有力支持。

2. 评估模型的定期验证与调整

随着环境的变化和时间的推移，评估对象可能会发生变化和演化。因此，评估者需要定期对评估模型进行验证和调整，以确保其准确性和适用性。验证评估模型的方法有很多，比如交叉验证、外部验证等。通过这些方法，评估者可以检验模型的预测能力和稳定性，以及模型是否存在过拟合或欠拟合等问题。如果发现模型存在不足或偏差，评估者就需要对模型进行调整和优化。调整评估模型的方法包括修改模型参数、增加新的变量、改变模型结构等。这些调整旨在使模型更好地拟合实际数据，提高评估的准确性和精度。同时，评估者还需要关注模型的解释性和可理解性，以便更好地将评估结果呈现给决策者和利益相关者。

3. 关注新技术与新方法的应用与创新

随着科技的不断进步和发展，数字化评估领域也不断涌现出新的技术和方法。这些新技术和方法为评估者提供了更多的工具和手段，有助于提高评估的准确性和效率。例如，人工智能和机器学习技术在数字化评估中的应用越来越广泛。通过运用这些技术，评估者可以自动地从大量数据中提取有用的信息和模式，进而构建出更加精确和可靠的评估模型。同时，这些技术还可以帮助评估者处理复杂的非线性关系和高维数据空间问题。除了人工智能和机器学习技术外，还有其他新技术和方法也值得关注和应用。比如可视化技术可以将复杂的数据和信息转化为直观易懂的图形和图像；云计算技术则为数字化评估提供了强大的计算能力和存储空间支持；而区块链技术则可以用于确保数字化评估过程中的数据安全和可信度等。

第二节　数字化评估在畜牧业上的应用现状

一、数字化评估在畜牧业育种方面的应用

（一）数字化评估技术为畜牧业育种带来的革新

随着科技的飞速发展，数字化评估技术已经逐渐渗透到畜牧业的各个领域，尤其在育种方面发挥着越来越重要的作用。传统的畜牧业育种方法往往依赖于经验和直觉，缺乏科学性和准确性。而数字化评估技术的引入，为畜牧业育种带来了全新的视角和思路。通过利用大数据、人工智能等技术手段，数字化评估可以对畜牧动物的遗传信息、生长性能、繁殖能力等进行全面、深入地分析和评估。这些技术手段不仅可以对大量的数据进行快速处理和分析，还可以挖掘出数据背后的隐藏规律和趋势，为育种工作者提供更加准确、可靠的育种决策依据。这种以数据为基础的育种方式，大大提高了育种的效率和成功

率，使得畜牧业育种更加科学、精准和高效。

（二）数字化评估技术在畜牧业育种中的具体应用

1. 遗传信息分析与挖掘

在畜牧业育种中，了解动物的遗传信息是至关重要的。数字化评估技术可以对动物的基因组进行深度测序和分析，挖掘出与优良性状相关的基因和位点。这些基因和位点不仅可以直接用于育种中的选种和选配，还可以通过基因编辑技术实现定向培育和遗传改良。这种以基因为基础的育种方式，可以大大提高育种的准确性和效率，使得优良性状得以在后代中稳定遗传。

2. 生长性能监测与评估

生长性能是畜牧业育种中的重要指标之一。数字化评估技术可以通过实时监测和记录动物的生长数据，如体重、体长、饲料消耗量等，对动物的生长性能进行全面、客观地评估。这些数据不仅可以用于选种和选配中的参考，还可以为饲养管理提供科学依据，帮助饲养员制订更加合理的饲养方案，提高动物的生长性能和饲料利用率。

3. 繁殖能力评估与优化

繁殖能力是畜牧业育种中的另一个重要指标。数字化评估技术可以对动物的繁殖性能进行全面、深入地评估，如发情周期、配种成功率、产仔数等。这些数据不仅可以用于选种和选配中的参考，还可以为繁殖管理提供科学依据，帮助饲养员制订更加合理的繁殖计划，提高动物的繁殖效率和成功率。

（三）数字化评估技术与基因编辑技术的结合

在畜牧业育种中的应用前景随着基因编辑技术的不断发展

和完善，将其与数字化评估技术相结合，将为畜牧业育种带来更加广阔的应用前景。通过基因编辑技术，可以实现畜牧动物优良性状的定向培育和遗传改良。而数字化评估技术则可以为这一过程提供更加准确、可靠的数据支持和科学依据。这种结合不仅可以大大提高育种的效率和成功率，还可以为畜牧业的可持续发展提供有力支持。具体来说，通过基因编辑技术结合数字化评估，可以实现以下几个方面的应用：首先，可以针对特定优良性状进行定向培育和遗传改良，如提高产肉量、改善肉质等；其次，可以实现对多个优良性状的聚合育种，使得后代同时具备多个优良性状；最后，还可以实现对不良性状的剔除和改良，如降低疾病易感性等。这些应用不仅可以提高畜牧业的生产效率和经济效益，还可以为消费者提供更加优质、健康的畜产品。

二、数字化评估在畜牧业生产管理方面的应用

（一）实时监测与数据记录：提高生产管理效率

在畜牧业生产管理中，数字化评估技术的实时监测和记录功能具有不可替代的作用。通过引入各种传感器、监测设备和智能化系统，数字化评估可以实时收集畜牧动物的生长情况、饲养环境以及饲料消耗等关键数据。这些数据不仅详细记录了动物的生产性能，还反映了饲养环境的实时变化，为生产管理者提供了宝贵的信息资源。实时监测的好处在于能够及时发现生产中存在的问题和隐患。例如，通过监测动物的生长情况，管理者可以迅速识别出生长迟缓或异常的个体，从而及时采取干预措施，避免问题恶化。同时，对饲养环境的实时监测也有助于管理者及时发现环境参数的异常变化，如温度、湿度、空

气质量等，从而及时调整饲养条件，确保动物处于最佳的生长环境中。此外，数字化评估的数据记录功能还为生产管理提供了可靠的历史数据支持。通过对历史数据的分析和挖掘，管理者可以深入了解动物的生产性能变化趋势，以及饲养环境对动物生长的影响。这些分析结果有助于管理者制订更加科学、合理的饲养方案和管理策略，提高畜牧业的整体生产效率。

（二）优化饲养方案与降低成本：实现高效可持续发展

数字化评估在畜牧业生产管理中的另一个重要应用是帮助生产管理者优化饲养方案、提高饲料利用率并降低生产成本。在传统的畜牧业生产中，饲养方案的制订往往依赖于经验和直觉，缺乏科学性和准确性。而数字化评估技术的引入，使得饲养方案的制订更加科学、精准和高效。通过数字化评估技术，生产管理者可以根据动物的生长数据、饲料消耗数据以及环境数据等信息，精确地计算出动物对饲料的需求量和最佳投喂时间。这种以数据为基础的饲养方式不仅可以避免饲料的浪费和过度投喂问题，还可以确保动物获得充足的营养和最佳的生长条件。同时，优化饲养方案还有助于提高动物的生长性能和繁殖效率，从而增加畜牧业的整体产出和经济效益。此外，数字化评估技术还可以帮助生产管理者降低生产成本。通过对生产过程中的各种数据进行实时监测和分析，管理者可以及时发现生产中的浪费和不合理支出，从而采取相应的措施进行改进和优化。例如，通过调整饲料配方、优化投喂策略、改善饲养环境等方式，可以降低饲料成本、减少疾病发生率和提高动物成活率等，最终实现畜牧业的高效、可持续发展。

（三）疫病防控与健康监测：保障畜牧业健康发展

在畜牧业中，疫病防控是保障动物健康和生产安全的重要环节。数字化评估技术在疫病防控方面也具有广泛的应用价值。通过实时监测和分析动物的健康状况，数字化评估技术可以及时发现和控制疫病的传播和扩散，为畜牧业的健康发展提供有力保障。具体来说，数字化评估技术可以通过引入各种生物传感器和智能化系统来实时监测动物的生理指标和行为变化。这些数据不仅可以反映动物的健康状况和生长情况，还可以帮助管理者及时发现潜在的疫病风险。例如，通过监测动物的体温、呼吸频率、活动量等指标的变化，可以预测某些疫病的发生和发展趋势。一旦发现有异常情况或疫病迹象，管理者可以迅速采取隔离、治疗等防控措施，避免疫病的扩散和传播。此外，数字化评估技术还可以帮助管理者制订更加科学、合理的免疫计划和用药方案。通过对历史疫病数据的分析和挖掘，管理者可以了解不同季节、不同地区以及不同品种动物的疫病发生规律和特点。这些信息有助于管理者制订更加有针对性的免疫计划和用药方案，提高疫病防控的效果和效率。同时，数字化评估技术还可以对免疫效果和用药效果进行实时监测和评估，为管理者提供及时反馈和调整建议。

三、数字化评估在畜牧业市场分析方面的应用

（一）市场动态的精准把握与策略制订

在畜牧业市场分析中，数字化评估技术通过收集和分析市场供求信息、价格变动、消费者需求等数据，为畜牧企业提供了精准把握市场动态和发展趋势的能力。这些数据不仅反映了

当前市场的实时状况，还蕴含着未来市场变化的趋势和规律。首先，市场供求信息是畜牧业市场分析的基础。数字化评估技术可以从多个渠道获取实时的供求数据，包括生产量、销售量、库存量等，帮助企业了解市场的供需平衡状态。当市场供不应求时，企业可以抓住机遇扩大生产规模；当市场供过于求时，企业可以调整生产策略，避免产品积压和浪费。其次，价格变动是反映市场变化的重要指标。数字化评估技术可以对市场价格进行实时监测和分析，包括价格的波动趋势、影响因素等。这些信息有助于企业制订合理的定价策略，避免价格过高导致消费者流失，或价格过低损害企业利润。最后，消费者需求是市场变化的重要驱动力。数字化评估技术可以通过市场调研、消费者行为分析等方式，深入了解消费者的需求变化和消费趋势。这些信息为企业开发新产品、改进老产品、调整营销策略等提供了有力支持。综上所述，数字化评估技术通过精准把握市场动态和发展趋势，为畜牧企业制订更加合理、有效的市场策略提供了有力支持。这不仅有助于企业应对市场变化，还提高了企业的市场竞争力和盈利能力。

（二）产品定位与品牌建设的有力支撑

在畜牧业市场竞争中，产品定位和品牌建设是企业提升产品竞争力和市场占有率的关键。数字化评估技术在这方面也发挥着重要的作用。首先，产品定位是决定产品市场竞争力的前提。数字化评估技术可以通过对市场数据、消费者需求等信息的分析，帮助企业明确产品的目标市场和消费群体。这有助于企业针对特定市场和消费者群体进行产品研发和营销策略制订，提高产品的针对性和市场竞争力。其次，品牌建设是提升产品附加值和市场认可度的重要手段。数字化评估技术可以通过对品牌形象、口碑传播、消费者认知等方面的监测和分析，帮助企业了解自身品牌在市场中的表现和影响力。这些信息为企业制订品牌发展战略、提升品牌知名度和美誉度提供了有力支撑。具体来说，数字化评估技术可以帮助企业监测和分析消费者对品牌的评价和反馈，及时发现品牌存在的问题和不足。同时，通过对竞争对手的品牌战略和市场表现进行分析，企业可以借鉴和学习先进的品牌管理经验和营销策略，不断完善自身的品牌建设体系。

（三）供应链管理的优化与协同

畜牧业供应链涉及多个环节和主体，包括饲料供应、养殖管理、产品加工、物流配送等。数字化评估技术在畜牧业供应链管理中的应用，有助于实现供应链的优化和协同管理，提高畜牧业的整体运营效率和竞争力。数字化评估技术可以对供应链各环节的数据信息进行实时监测和分析。这包括原料采购、生产计划、库存管理、销售数据等各个方面。通过对这些数据的实时掌握和分析，企业可以更加准确地预测市场需求和变化，及时调整生产计划和采购策略，避免库存积压和浪费。数字化评估技术有助于实现供应链各环节的协同管理。通过构建信息共享平台或引入先进的供应链管理软件，企业可以与供应商、生产商、销售商等各方实现信息的实时共享和沟通。这有助于减少信息传递的延迟和失真，提高决策效率和协同能力。数字化评估技术还可以帮助企业对供应链风险进行有效管理。通过对供应链各环节的监测和分析，企业可以及时发现潜在的风险点和隐患，并采取相应的措施进行防范和应对。这有助于保障供应链的稳定性和安全性，提高企业的整体运营效率和竞争力。

第三节 规模奶牛养殖场数字化评估的需求分析

一、提高生产效率与降低成本的需求

（一）实时监测与精准掌握生产情况

在规模奶牛养殖场中，提高生产效率是降低单位产品成本、提升市场竞争力的关键。而要实现这一目标，首先需要精准掌握生产情况。数字化评估技术为养殖场提供了实时监测奶牛生长状况、产奶量、饲料消耗量等数据的手段。通过安装传感器和智能化设备，养殖场可以实时收集奶牛的各项生产数据。这些数据不仅包括奶牛的体重、体况评分、产奶量等基本信息，还包括饲料消耗量、饮水量、运动量等关键指标。通过对这些数据的实时监测和分析，养殖场可以更加准确地了解奶牛的生长状况和生产性能，从而为制订饲养方案和管理策略提供科学依据。实时监测数据的优势在于其及时性和准确性。养殖场可以根据实时数据调整饲养方案，如调整饲料配方、优化投喂策略等，以确保奶牛获得最佳的营养供给。同时，通过对产奶量的实时监测，养殖场可以及时发现产量下降等问题，并采取相应措施进行干预，避免生产损失。这种精准掌握生产情况的方式有助于提高奶牛养殖场的生产效率，降低生产成本。

（二）优化饲养方案与管理策略

在精准掌握生产情况的基础上，数字化评估技术还可以帮助养殖场优化饲养方案和管理策略。通过对历史数据的分析和挖掘，养殖场可以了解奶牛在不同生长阶段和生产周期的营养需求和饲养管理要点。结合实时监测数据，养殖场可以制订更加科学合理的饲养方案，以满足奶牛的营养需求并提高生产性能。优化饲养方案的具体措施包括调整饲料配方、改进投喂技术、优化饲养环境等。例如，根据奶牛的体况评分和产奶量，养殖场可以调整饲料中的能量、蛋白质等营养成分的比例，以确保奶牛获得均衡的营养供给。同时，通过改进投喂技术，如采用自动投喂系统、精确控制投喂量等，可以减少饲料的浪费和提高利用率。此外，数字化评估技术还可以帮助养殖场优化管理策略。通过对生产数据的深入分析，养殖场可以发现生产过程中的瓶颈和问题，并采取相应的改进措施。例如，通过监测奶牛的运动量和行为异常，养殖场可以及时发现并处理奶牛的健康问题，避免疾病的传播和扩散。同时，通过对员工工作效率的监测和评估，养殖场可以优化人力资源配置，提高工作效率和管理水平。

（三）减少疾病导致的生产损失

疾病是导致奶牛生产损失的主要原因之一。在规模奶牛养殖场中，由于养殖密度高、环境封闭等因素，疾病的发生和传播风险较大。数字化评估技术可以通过实时监测和预警奶牛的健康状况，帮助养殖场及时发现并处理疾病问题，减少因疾病导致的生产损失。具体来说，数字化评估技术可以通过安装传感器和智能化设备来监测奶牛的健康状况。例如，通过监测奶牛的体温、呼吸频率、反刍次数等生理指标，可以及时发现奶牛的异常情况并进行预警。同时，结合奶牛的行为数据和历史健康记录，可以对奶牛的健康状况进行综合评估，并制订相应的处理措施。在发现疾病问题后，数字化评估技术还可以帮助养殖场迅速采取应对措施。例如，通过调整饲养环境、改善饲养管理、使用药物治疗等方式来控制疾病的传播和扩散。这些措施不仅可以减少因疾病导致的生产损失，还可以保障奶牛的健康和福利。

二、资源优化配置与环境保护的需求

（一）资源消耗实时监测与分析

随着奶牛养殖业的规模化发展，资源消耗问题日益凸显。水、饲料、能源等资源的合理利用，不仅关乎养殖成本，更与环境保护息息相关。数字化评估技术为规模奶牛养殖场提供了实时监测资源消耗情况的有效手段。通过安装智能仪表和传感器，养殖场可以实时获取水、电、饲料等资源的消耗数据。这些数据能够精确反映养殖场的资源利用情况，帮助管理者及时发现资源浪费和不合理使用的问题。例如，通过监测水表的流量数据，可以发现水管是否存在“跑冒滴漏”等现象；通过饲料投喂系统的数据反馈，可以分析饲料的投喂效率和浪费情况。实时监测数据的获取为养殖场的资源管理提供了科学依据。通过对这些数据的深入分析，养殖场可以找出资源消耗的热点和瓶颈，进而制订针对性的优化措施。例如，根据饲料消耗数据，可以调整饲料配方或投喂策略，提高饲料的利用率；根据能源消耗数据，可以优化养殖场的设备配置和运行模式，降低能源成本。

（二）环境影响的有效监测与管理

除了资源消耗问题外，规模奶牛养殖场还面临着废弃物处理、温室气体排放等环境问题。这些问题不仅影响养殖场的生产环境，更可能对周边环境造成污染和破坏。数字化评估技术在环境监测与管理方面同样发挥着重要作用。数字化技术可以帮助养殖场实时监测废弃物的产生和处理情况。通过安装废弃物收集和处理设备的传感器，可以实时获取废弃物的重量、成分等数据。这些数据能够反映养殖场的废弃物产生量和处理效率，为管理者制订废弃物处理方案提供依据。例如，根据废弃物的成分数据，可以选择合适的处理方法或调整处理设备的运行参数，提高处理效率并降低处理成本。数字化技术还可以对养殖场的温室气体排放进行监测和管理。通过安装气体分析仪和排放口监测设备，可以实时获取养殖场排放的二氧化碳、甲烷等温室气体的浓度和排放量数据。这些数据有助于养殖场评估其温室气体排放对环境的影响，并采取相应的减排措施。例如，通过优化饲养管理方案、改进粪便处理工艺等方式，可以减少温室气体的排放并降低对环境的影响。

（三）推动绿色、环保生产方式

实现数字化评估技术不仅为规模奶牛养殖场提供了资源消耗和环境影响的实时监测手段，更为推动养殖场实现绿色、环保的生产方式提供了有力支持。首先，通过实时监测和分析资源消耗数据，养殖场可以更加精准地掌握资源利用情况，避免浪费和损失。这有助于降低养殖成本并提高经济效益，同时也有助于减少资源消耗对环境的影响。其次，通过对废弃物处理和温室气体排放等环境问题的有效监测和管理，养殖场可以及时发现并解决环境污染问题。这有助于保护养殖场的生产环境和周边生态环境的安全与健康。最后，数字化评估技术还可以为养殖场提供科学决策支持。通过对历史数据的挖掘和分析，养殖场可以总结经验教训并优化生产流程和管理策略。这有助于推动养殖场实现可持续发展并提升市场竞争力。同时，数字化评估技术还可以促进养殖场与政府部门、科研机构等外部机构的合作与交流，共同推动畜牧业向更加绿色、环保的方向发展。

三、提升产品质量与安全性的需求

（一）奶牛饲养环境的实时监测与控制

在规模奶牛养殖场中，饲养环境是影响牛奶产品质量和安全性的关键因素之一。数字化评估技术为养殖场提供了实时监测和控制饲养环境的有效手段。通过安装环境传感器和智能化设备，养殖场可以实时监测牛舍内的温度、湿度、空气质量等环境指标。这些数据能够反映饲养环境的舒适度和健康程度，对于保障奶牛的健康和生产性能至关重要。当环境指标超出预设范围时，智能化设备可以自动启动通风、降温、加湿等调节措施，确保饲养环境的稳定性和适宜性。实时监测和控制饲养环境不仅有助于提升奶牛的生产性能，更能够保障牛奶产品的质量和安全性。在良好的饲养环境下，奶牛受到的疾病压力减小，产奶量稳定且质量上乘。此外，通过对饲养环境的精准控制，还可以减少奶牛应激反应的发生，从而降低牛奶中激素残留和细菌污染的风险。

（二）饲料质量的数字化管理与优化

饲料是奶牛养殖的基础，其质量直接关系到牛奶产品的营养价值和安全性。数字化评估技术在饲料质量管理方面同样发挥着重要作用。养殖场可以利用数字化技术对饲料原料进行质量评估。通过检测原料的营养成分、重金属含量、农药残留等指标，可以筛选出符合质量要求的优质原料，确保饲料的安全性。同时，根据奶牛的生长阶段和生产需求，数字化技术还可以帮助养殖场制订科学的饲料配方，以满足奶牛的营养需求并提高饲料利用率。数字化技术还可以对饲料的加工、储存和投喂过程进行精准控制。通过自动化投喂系统和智能监测设备，养殖场可以精确控制每头奶牛的饲料投喂量和投喂时间，避免饲料浪费和营养不均衡的问题。同时，对饲料储存环境的实时监测也可以确保饲料在储存过程中不发生霉变和污染。

（三）疾病防控与数字化追溯系统的建立

疾病防控是保障牛奶产品质量和安全性的重要环节。数字化评估技术为养殖场提供了更加高效、精准的疾病防控手段。通过实时监测奶牛的健康状况，养殖场可以及时发现疾病的早期症状并迅速采取应对措施。数字化技术可以帮助养殖场建立奶牛健康档案，记录每头奶牛的生长情况、疫苗接种、疾病治疗等信息，为疾病防控提供科学依据。此外，利用大数据分析和挖掘技术，养殖场还可以对疾病发生规律进行预测和预警，提前制订防控策略以降低疾病风险。数字化追溯系统是保障牛奶产品质量和安全性的重要手段之一。该系统可以对牛奶产品的生产、加工、运输等全过程进行追踪和管理，确保产品在每个环节都符合质量标准和安全要求。通过扫描产品包装上的二维码或条形码，消费者可以获取产品的详细信息，包括原料来源、生产日期、加工工艺等。这种透明化的信息展示有助于增强消费者对产品的信任和忠诚度。同时，数字化追溯系统还可以帮助养殖场快速应对产品质量问题。一旦发生质量问题或安全事故，养殖场可以通过追溯系统迅速定位问题源头并采取措施进行整改和处理。这有助于减少损失并恢复消费者信心。

四、加强疾病防控与动物福利的需求

（一）实时监测与预警，疾病防控的新手段

传统的疾病防控方法往往依赖于人工观察和经验判断，但这种方式存在效率低下和准确性不足的问题。数字化评估技术的引入，为奶牛养殖场的疾病防控带来了革命性的变革。通过安装在奶牛身上的传感器，数字化评估技术可以实时监测奶牛的健康状况，包括体温、心率、呼吸频率、反刍次数等关键生理指标。这些数据通过无线传输技术实时发送至养殖场的监控中心，经过专业软件的分析和处理，可以生成奶牛的健康报告和预警信息。一旦发现异常数据或潜在疾病风险，系统可以立即发出预警，提醒养殖人员及时采取措施进行干预。实时监测与预警系统的优势在于其及时性和准确性。它能够在疾病早期就发现问题，避免了疾病的扩散和恶化，从而降低了治疗成本和生产损失。同时，通过对大量数据的分析和挖掘，养殖场还可以了解疾病的发生规律和传播途径，为制订更加科学有效的防控策略提供依据。

（二）智能调控饲养环境，提升奶牛舒适度与健康水平

除了疾病防控外，饲养环境也是影响奶牛健康和生产性能的重要因素。在规模奶牛养殖场中，由于养殖密度高、环境封闭等原因，饲养环境往往难以达到奶牛生长的最佳条件。数字化评估技术通过对饲养环境的智能调控，为奶牛提供了更加舒适、健康的生活环境。具体来说，数字化技术可以实时监测牛舍内的温度、湿度、空气质量等环境指标，并根据预设的阈值进行自动调节。例如，在夏季高温时，系统可以自动启动降温

设备（如风扇或喷淋系统）来降低牛舍温度；在冬季寒冷时，系统可以自动调节供暖设备来维持适宜的牛舍温度。此外，通过智能通风系统还可以保持牛舍内空气的新鲜和流通，减少有害气体的积累和细菌滋生的风险。智能调控饲养环境不仅提高了奶牛的舒适度和健康水平，还有助于提升奶牛的生产性能。在良好的饲养环境下，奶牛能够保持稳定的生理状态和心理状态，从而发挥出最佳的生产潜力。同时，通过减少应激反应和疾病发生的风险，还可以降低牛奶中激素残留和细菌污染的风险，提升牛奶产品的质量和安全性。

（三）数字化评估技术提升动物福利水平

动物福利是近年来越来越受到关注的话题。在规模奶牛养殖场中，提升动物福利水平不仅有助于保障奶牛的生理和心理健康需求得到满足，还有助于提高奶牛的生产性能和产品质量。数字化评估技术在提升动物福利水平方面也发挥着重要作用。首先，通过实时监测奶牛的健康状况和环境指标，数字化评估技术可以确保奶牛在生长过程中得到及时有效的医疗护理和生活环境保障。这避免了疾病对奶牛造成的痛苦和折磨，并降低了因环境不适导致的应激反应和行为异常的风险。其次，数字化技术还可以帮助养殖场实现精准投喂和个性化管理。通过安装在饲料槽上的传感器和智能化投喂系统，养殖场可以精确控制每头奶牛的饲料投喂量和投喂时间，并根据奶牛的生长阶段和生产需求调整饲料配方。这避免了饲料浪费和营养不均衡的问题，并确保了奶牛能够获得均衡的营养供给和个性化的管理方案。最后，数字化评估技术还可以促进养殖场与消费者之间的信息透明化交流。通过建立数字化追溯系统和展示平台，消费者可以了解奶牛的生长环境、饲养管理情况以及产品质量等信息。这种透明化的信息展示有助于增强消费者对产品的信任和忠诚度，并推动养殖场更加注重提升动物福利水平以满足市场需求。

五、促进产业融合与创新发展的需求

（一）数字化评估技术与市场需求洞察

随着畜牧业的转型升级，规模奶牛养殖场不再仅仅是牛奶的生产者，而是逐渐转变为满足消费者多元化需求的服务提供者。在这一转变过程中，数字化评估技术为养殖场提供了全面、准确的数据支持，成为洞察市场需求和消费者偏好的重要工具。通过数字化评估技术，养殖场可以收集并分析大量的市场数据，包括消费者的购买行为、消费习惯、偏好变化等。这些数据不仅可以帮助养殖场了解当前市场的需求和趋势，还可以预测未来市场的发展方向。基于这些数据，养殖场可以更加精准地定位目标市场，开发出符合消费者口味和健康需求的新产品和服务。例如，通过数据分析发现，消费者对低脂、高蛋白的牛奶产品越来越感兴趣。养殖场可以根据这一需求，调整饲料配方和饲养管理策略，生产出更符合市场需求的牛奶产品。同时，养殖场还可以利用数字化技术，对产品进行追溯和品质保证，增强消费者对产品的信任和忠诚度。

（二）数字化技术与产业生态系统的构建

在畜牧业的创新发展过程中，规模奶牛养殖场需要与上下游企业建立更加紧密、高效的合作关系。数字化评估技术在这一过程中发挥着重要的促进作用。数字化技术可以帮助养殖场与饲料供应商、兽药生产商等上游企业实现信息共享和协同合作。通过实时传输饲养环境、奶牛健康状况等数据，上游企业可以更加准确地了解养殖场的需求，提供定制化的产品和服务。这种合作模式不仅降低了养殖场的采购成本，还提高了饲料和兽药的使用效率，有助于提升奶牛的健康水平和生产性能。数字化技术还可以促进养殖场与销售商、物流企业等下游企业的紧密合作。通过建立数字化销售平台和物流追溯系统，养殖场可以实时掌握产品的销售情况和市场动态，及时调整生产计划和销售策略。同时，物流企业也可以根据养殖场的发货需求，优化运输路线和配送时间，确保产品的新鲜度和品质。通过这种上下游企业的协同合作，可以形成一个更加紧密、高效的产业生态系统。在这个生态系统中，各企业可以共享资源、共担风险、共享收益，共同推动畜牧业的创新发展。

（三）数字化评估技术与新产品和服务的开发

数字化评估技术不仅可以帮助养殖场了解市场需求和消费者偏好，还可以为养殖场提供开发新产品和服务的思路和方向。通过数据分析可以发现市场的空白点和潜在机会。养殖场可以根据这些机会，结合自身的资源和优势，开发出具有竞争力的新产品和服务。例如，针对消费者对健康饮食的关注，养殖场可以开发出富含特定营养素的功能性牛奶产品，满足消费者的健康需求。数字化技术还可以为养殖场提供个性化的产品定制服务。通过收集和分析消费者的个人信息和消费习惯，养殖场可以为消费者提供更加精准、个性化的产品推荐和定制服务。这种服务模式不仅可以提升消费者的满意度和忠诚度，还可以帮助养殖场拓展市场份额和提升品牌影响力。数字化评估技术还可以帮助养殖场优化生产流程和管理策略。通过实时监测和分析饲养环境、奶牛健康状况等数据，养殖场可以及时发现并解决生产过程中的问题，提高生产效率和产品质量。同时，数字化技术还可以帮助养殖场实现资源的优化配置和节约利用，降低生产成本和环境压力。

第三章　数字化评估指标体系构建

第一节　评估指标的选择原则与方法

一、评估指标选择的重要性

在规模奶牛养殖场的运营管理中，评估指标的选择占据着举足轻重的地位。这些评估指标不仅是对养殖场运营状况的全面衡量，更是养殖场制订科学决策、精确诊断问题以及实现持续改进的基石。它们如同一面镜子，清晰反映出养殖场的生产效率、经济效益、环境质量以及动物福利等各个层面的真实情况。因此，评估指标的选择绝非随意而为，而是需要深思熟虑，确保每一个选定的指标都能为养殖场的持续健康发展提供有力的数据支撑和决策依据。评估指标的选择对养殖场的影响深远。首先，准确全面的评估指标能够帮助养殖场及时发现生产过程中的问题和短板，从而迅速调整管理策略，优化资源配置，提升生产效率。其次，科学的评估指标体系有助于养殖场制订合理的发展规划和战略目标，避免盲目扩张和无效投资。再次，通过定期评估和对比分析，养殖场可以清晰了解自身的竞争力和市场地位，为制订市场营销策略和拓展市场份额提供有力依据。最后，评估指标的选择还直接关系到养殖场的可持续发展能力。通过关注环境友好性、动物福利等评估指标，养殖场可以实现经济效益与社会效益的双赢。

二、评估指标的原则

（一）科学性原则

1. 明确的指标定义

每个评估指标都应具有明确且清晰的定义。这种明确定义不仅有助于确保评估的准确性和一致性，还能为养殖场的管理人员和决策者提供明确的方向和目标。一个明确的指标定义应包括对指标所衡量内容的详细描述、计算方式及其在养殖场运营中的具体应用场景。例如，对于“奶牛平均产奶量”这一指标，定义应明确说明是如何计算平均产奶量的（如按日、按月或按泌乳期计算），以及该指标如何反映养殖场的生产效率和奶牛的健康状况。明确的指标定义还有助于避免在评估过程中出现歧义或误解。当所有相关人员都清楚了解每个指标的含义和计算方式时，他们就能更加准确地收集和分析数据，从而得出更可靠的评估结果。这种一致性在养殖场内部以及与外部合作伙伴的交流中都是至关重要的。此外，明确的指标定义还有助于养殖场在不同时间点和不同情境下进行有效地对比和分析。通过比较同一指标在不同时间段或不同条件下的表现，养殖场可以更好地了解其运营状况的变化趋势，进而制订相应的改进策略。

2. 可靠的数据来源

科学性原则要求评估指标的数据来源必须可靠。可靠的数据来源是确保评估结果有效性的基础。为了实现这一点，养殖场需要建立完善的数据收集和管理系统。这包括定期收集奶牛的生产记录、健康状况、饲料消耗等数据，并确保这些数据的准确性和完整性。同时，养殖场还需要对数据进行适当的处理和存储，以便在需要时能够进行快速且准确地分析。此外，可靠的数据来源还需要考虑数据的代表性和时效性。所收集的数据应能够全面反映养殖场的运营情况，包括不同奶牛群体、不同生产阶段以及不同环境因素等的影响。同时，数据还需要及时更新，以反映养殖场的最新运营状况。为了确保数据来源的可靠性，养殖场还可以考虑引入第三方机构进行数据的验证和审计。这些机构可以提供独立、客观的意见，帮助养殖场确认其数据的准确性和完整性，从而提高评估结果的可信度。

3. 合理的计算方法

除了明确的指标定义和可靠的数据来源外，科学性原则还要求评估指标的计算方法必须合理。在规模奶牛养殖场中，这意味着所选用的计算方法必须能够准确反映指标的实际含义，并且能够在实践中得到广泛应用和认可。合理的计算方法应基于科学理论和实际经验相结合的基础上制订出来。它需要考虑到养殖场的实际情况和需求，以及评估指标的具体应用场景和目标。例如，对于某些需要综合考虑多个因素的复杂指标，可能需要采用特定的数学模型或统计方法来进行计算和分析。同时，合理的计算方法还需要具备可操作性和可重复性。这意味着计算方法应该简单明了、易于理解和操作，并且能够在不同的情境下得到一致的结果。这样可以帮助养殖场的管理人员和决策者更好地理解评估结果，从而制订出更有效的改进策略和管理措施。此外，合理的计算方法还需要考虑到评估指标之间的关联性和相互影响。在构建评估指标体系时，需要确保各个指标之间具有内在的逻辑关系和互补性，避免重复计算或遗漏重要信息。这样可以帮助养殖场从多个角度全面评估其运营状况，为决策提供更有力的支持。

4. 与运营目标和发展战略的一致性

科学性原则还要求所选评估指标与养殖场的运营目标和发展战略保持一致。这意味着评估指标不仅要能够客观、真实地反映养殖场的当前运营状况，还要能够引导养殖场朝着预定的目标和战略方向发展。为了实现这一点，养殖场在选择评估指标时需要充分考虑其运营目标和发展战略。例如，如果养殖场的目标是提高奶牛的平均产奶量，那么就应选择与产奶量相关的评估指标，如每头奶牛的日均产奶量、泌乳期总产奶量等。这些指标可以直接反映养殖场在产奶量方面的表现，并为改进策略提供明确的方向。同时，评估指标的选择还需要考虑养殖场的长远发展战略。如果养殖场计划在未来几年内扩大规模或引入新的生产技术，那么就需要选择与这些战略相关的评估指标，以衡量养殖场在这些方面的进展和成效。

（二）系统性原则

1. 构建全面、系统的指标体系

首先，这一原则强调评估指标之间的内在联系和逻辑关系，要求构建一个全面、系统的指标体系，以涵盖养殖场的各个方面。这样做的目的是从多个角度对养殖场的运营状况进行全面评估，避免片面性和局限性，确保评估结果的准确性和可靠性。这些方面相互关联、相互影响，共同构成养殖场的整体运营状况。生产性能指标，如奶牛的平均产奶量、繁殖效率等，直接反映养殖场的生产能力和经济效益。健康状况指标，如奶牛的发病率、死亡率等，体现养殖场的动物福利和生物安全管理水平。环境质量指标，如养殖场的环境卫生、废气废水处理等，则关乎养殖场的可持续发展能力和环保责任。其次，这个指标体系还应具有层次性和逻辑性。不同层次的指标应相互关联、相互支持，形成一个有机的整体。例如，生产性能指标可以进一步细化为饲料转化率、泌乳期长度等具体指标；健康状况指标可以包括疫苗接种率、疾病发生率等；环境质量指标则可以涵盖空气质量、水质状况等。这些具体指标既相互独立，又相互联系，共同构成养殖场的全面评估体系。

2. 反映内在联系和逻辑关系

系统性原则还要求评估指标能够反映养殖场运营中的内在联系和逻辑关系。这意味着所选指标不仅要有代表性，还要能够揭示养殖场运营中的关键因素和相互作用。例如，在生产性能方面，奶牛的平均产奶量可能与饲料质量、饲养管理等因素密切相关。因此，在选择评估指标时，应将这些因素纳入考虑范围，以便更准确地评估生产性能的变化原因和改进方向。同样地，在健康状况方面，奶牛的发病率可能与饲养环境、疫病防控措施等因素有关。在选择评估指标时，应充分考虑这些因素之间的内在联系和逻辑关系，以便更全面地了解养殖场的健康状况和潜在风险。此外，环境质量对奶牛的生产性能和健康状况也有着重要影响。因此，在选择评估指标时，还需要关注环境质量方面的指标，如空气质量、水质状况等。这些指标可以帮助养殖场了解环境因素对奶牛养殖的影响程度，从而为改善环境质量提供有力支持。

3. 避免片面性和局限性

通过遵循系统性原则选择评估指标，养殖场可以从多个角度对运营状况进行全面评估，避免片面性和局限性。片面性和局限性是评估过程中常见的问题，它们可能导致评估结果失真或误导决策。为了避免这些问题，养殖场在选择评估指标时应注重指标的全面性和代表性。全面性要求指标能够涵盖养殖场的各个方面和关键环节；代表性则要求指标能够真实反映养殖场的运营状况和潜在问题。同时，养殖场还应根据自身的实际情况和需求进行指标选择，确保所选指标具有针对性和实用性。此外，养殖场还应定期对评估指标体系进行审查和更新。随着养殖技术的发展和市场环境的变化，一些原有的评估指标可能不再适用或需要调整。因此，养殖场需要保持对评估指标体系的动态管理，及时添加新的指标或删除过时的指标，以确保评估工作的时效性和准确性。

（三）可操作性原则

1. 数据来源的可靠性与易收集性

在规模奶牛养殖场的运营管理中，评估指标的选择至关重要，而可操作性原则是其中不可或缺的一项指导原则。这一原则强调所选评估指标在实际操作中应易于获取、计算和分析，以确保评估工作的顺利进行。为了实现这一目标，首要考虑的是指标数据来源的可靠性与易收集性。数据来源的可靠性是评估指标准确性的基础。为了确保数据的可靠性，养殖场需要建立完善的数据收集系统，包括定期巡查，记录奶牛的生产状况、健康情况等。同时，还应加强对数据收集人员的培训，增强他们的专业素质和责任意识，确保数据的准确性和完整性。易收集性则是可操作性原则中的另一重要方面。在奶牛养殖场中，由于工作环境和工作性质的特殊性，数据收集往往面临诸多困难。因此，所选评估指标的数据应易于获取，尽量减少对复杂设备和专业技能的依赖。例如，可以选择一些直观、简单的指标，如奶牛的平均产奶量、繁殖率等，这些数据可以通过日常观察和记录轻松获得。

2. 计算方法的简单明了

除了数据来源的可靠性与易收集性外，可操作性原则还要求评估指标的计算方法简单明了。在奶牛养殖场中，评估指标的计算方法应易于理解和操作，以便工作人员能够迅速掌握并运用到实际工作中。为了实现计算方法的简单明了，养殖场可以采用一些直观、易懂的计算公式或方法。例如，对于奶牛的平均产奶量这一指标，可以采用简单的算术平均数计算方法；对于繁殖率等比例类指标，则可以采用百分比计算方式。这些方法既易于理解又便于操作，有助于提高评估工作的效率。此外，养殖场还可以借助现代信息技术手段来简化计算过程。例如，可以利用专业的养殖管理软件或手机应用程序来辅助数据收集、整理和分析工作。这些工具通常具有友好的用户界面和强大的计算功能，能够大幅度减轻工作人员的工作负担并提高评估结果的准确性。

3. 指标的灵活性与适应性

可操作性原则还要求所选评估指标具有一定的灵活性和适应性。在规模奶牛养殖场中，由于养殖规模、环境条件、管理方式等因素的差异，不同养殖场对评估指标的需求可能存在一定差异。因此，所选指标应能够适应不同规模和类型的养殖场的需求。为了实现指标的灵活性和适应性，养殖场可以根据自身的实际情况和需求进行指标选择。例如，对于大型现代化养殖场，可以选择一些更加精细化、专业化的评估指标，如奶牛的营养摄入量、环境舒适度等；而对于小型家庭式养殖场，则可以选择一些更加实用、易操作的指标，如奶牛的平均产奶量、繁殖率等。同时，养殖场还可以根据运营过程中的实际情况对评估指标进行调整和优化。例如，当养殖场面临新的环境问题或管理挑战时，可以及时调整评估指标体系，增加相应的指标以应对新的挑战。这种灵活性和适应性有助于养殖场更好地应对各种复杂情况并保持持续健康发展。

（四）可比性原则

1. 统一性与标准性的要求

在规模奶牛养殖场的运营管理中，评估指标的选择至关重要，其中可比性原则是确保评估结果有效性和公正性的关键。可比性原则要求所选评估指标在不同时间、不同地点以及不同养殖场之间具有可比性。为了实现这一目标，首先必须确保评估指标的定义和计算方法具有统一性和标准性。统一性和标准性是确保评估指标可比性的基础。在奶牛养殖场的评估中，如果每个养殖场都采用不同的指标定义和计算方法，那么评估结果将无法进行有效地比较。因此，必须制订统一的评估指标定义和标准计算方法，以确保所有养殖场都在同一标准下进行评估。为了实现统一性和标准性，可以借鉴国内外奶牛养殖行业的先进经验和标准，结合我国奶牛养殖的实际情况，制订适合我国国情的评估指标体系。同时，还需要加强对评估人员的培训，提高他们的专业素质和技能水平，确保他们能够准确理解和应用评估指标的定义和计算方法。

2. 横向与纵向比较的应用

在统一性和标准性的基础上，可比性原则还要求能够进行横向和纵向比较。横向比较是指在不同养殖场之间进行比较，以发现各养殖场之间的差距和优势；纵向比较则是指在同一养殖场内不同时间段的比较，以揭示养殖场运营状况的变化趋势和改进方向。通过横向比较，养殖场可以了解自身在行业中的地位和水平，发现与其他养殖场的差距和优势。这有助于养殖场明确自身的改进方向和提升目标，制订更加科学合理的运营管理策略。同时，横向比较还可以促进养殖场之间的交流与合作，共同推动行业的进步与发展。纵向比较则可以帮助养殖场了解自身的运营状况变化趋势，及时发现潜在的问题和风险。通过对不同时间段的评估指标进行比较分析，养殖场可以揭示出生产性能、健康状况、环境质量等方面的变化情况，从而及时调整运营管理策略，确保养殖场的持续健康发展。

3. 为改进和提升提供有力支持

可比性原则的最终目的是为养殖场的改进和提升提供有力支持。通过横向和纵向比较，养殖场可以发现自身存在的问题和不足，借鉴其他养殖场的成功经验和做法，制订针对性的改进措施和提升方案。在实际操作中，养殖场可以利用现代信息技术手段建立评估指标数据库和分析平台，对各项评估指标进行实时监控和动态分析。通过对比分析不同时间段、不同养殖场的评估指标数据，养殖场可以更加直观地了解自身的运营状况变化趋势和在行业中的地位水平。这将为养殖场的决策层提供科学准确的决策依据，推动养殖场的持续改进和提升。

（五）动态性原则

1. 评估指标的动态调整与养殖场运营状况的契合

在规模奶牛养殖场的运营管理中，评估指标的选择不仅应静态地反映某一时刻的运营状况，更应随着养殖场的运营变化而动态调整。这就是动态性原则的核心要求。养殖场的运营状况是不断变化的，受到市场环境、技术条件、政策法规等多种因素的影响。因此，所选评估指标必须具有一定的动态性，能够灵活应对这些变化，真实、准确地反映养殖场在不同阶段的特点和需求。为了实现评估指标与养殖场运营状况的契合，养殖场需要建立一套动态调整机制。这套机制应包括对运营状况的实时监测、对评估指标的定期审视以及必要的调整。通过实时监测，养殖场可以及时了解运营状况的变化趋势，为评估指标的调整提供依据。定期审视则是对现有评估指标的有效性进行检验，确保其仍然能够准确反映养殖场的实际情况。必要的调整则是对不适应当前运营状况的评估指标进行替换或优化，以保持评估体系的时效性和准确性。

2. 反映养殖场不同阶段的特点和需求

养殖场的运营过程可以划分为不同的阶段，如初创期、成长期、成熟期等。每个阶段都有其独特的特点和需求，对评估指标的要求也有所不同。动态性原则强调评估指标应能够反映这些特点和需求，为养殖场的决策提供有力支持。在初创期，养殖场的主要目标是建立稳定的生产流程和市场渠道。此时，评估指标应重点关注生产性能的提升和市场开拓的进展。例如，可以设置与奶牛平均产奶量、繁殖率等相关的指标，以衡量生产性能的提升情况；同时，也可以设置与市场份额、客户满意度等相关的指标，以评估市场开拓的效果。在成长期，养殖场已经建立了稳定的生产流程和市场渠道，开始追求规模扩张和效益提升。此时，评估指标应更加关注规模扩张的速度和效益提升的程度。例如，可以设置与奶牛存栏量、饲料转化率等相关的指标，以衡量规模扩张的效果；同时，也可以设置与单位成本、利润率等相关的指标，以评估效益提升的情况。在成熟期，养殖场的规模和效益已经达到相对稳定的水平，开始注重可持续发展和品牌建设。此时，评估指标应更加关注环境保护、社会责任和品牌形象等方面的表现。例如，可以设置与废气废水处理效果、动物福利等相关的指标，以衡量养殖场在环境保护和社会责任方面的表现；同时，也可以设置与品牌知名度、客户满意度等相关的指标，以评估品牌形象的建设效果。

3. 定期审视和调整评估指标的重要性

定期审视和调整评估指标是动态性原则的具体应用。养殖场的运营状况是不断变化的，如果评估指标长期保持不变，就可能无法准确反映养殖场的实际情况和需求。因此，定期审视和调整评估指标至关重要。定期审视可以通过对运营数据的收集和分析来实现。通过对各项评估指标的实时监测和统计分析，养殖场可以了解各项指标的变化趋势和异常情况，及时发现潜在的问题和风险。同时，也可以通过对行业发展趋势和市场动态的了解来审视评估指标的适应性。如果某些指标已经无法准确反映当前的市场环境或行业趋势，就需要对其进行调整或替换。调整评估指标时需要考虑多个因素的综合影响。例如，市场需求的变化可能导致某些产品的价格波动较大，从而影响养殖场的经济效益。此时，就需要对与经济效益相关的评估指标进行调整，以反映这种变化对养殖场运营的影响。同时，技术进步和政策法规的变化也可能对养殖场的运营产生重大影响。因此，在调整评估指标时还需要充分考虑这些因素的变化趋势和潜在影响。

三、评估指标的选择方法

（一）文献研究法

1. 文献和资料查阅的意义

选择科学、合理的评估指标，离不开对国内外在奶牛养殖场评估方面的研究成果和实践经验的深入了解。通过查阅相关文献和资料，我们可以快速掌握行业内的最佳实践和前沿动态，为选择评估指标提供有利的参考和借鉴。这种方法的意义在于，它能够帮助我们避免重复劳动和走弯路。在奶牛养殖行业，不同国家和地区可能有着不同的养殖模式、管理方法和评估体系。通过查阅相关文献和资料，我们可以了解这些差异和共性，从中汲取经验和教训，结合自身的实际情况，选择最适合的评估指标。同时，我们还可以了解行业内最新的研究成果和实践经验，及时将新的理念和方法引入养殖场的运营管理中，推动养殖场的持续改进和发展。

2. 国内外研究成果的梳理与分析

通过查阅相关文献和资料，我们可以发现国内外在奶牛养殖场评估方面已经取得了丰富的研究成果。这些成果涉及评估指标体系的构建、评估方法的选择、评估结果的应用等多个方面。在国外，一些发达国家已经建立了相对完善的奶牛养殖场评估体系。同时，他们还注重利用现代信息技术手段进行实时监控和动态分析，以确保评估结果的准确性和时效性。这些成果为我们选择评估指标提供了宝贵的经验和借鉴。在国内，虽然奶牛养殖行业的发展相对较晚，但近年来也取得了显著的进展。一些学者和专家通过对国外先进经验的引进和消化吸收，结合我国的实际情况，提出了适合我国国情的奶牛养殖场评估指标体系。这些指标体系注重生产性能、经济效益和环境保护的平衡发展，体现了可持续发展的理念。同时，国内的一些大型奶牛养殖场也开始尝试建立自己的评估体系，通过实践不断探索和完善评估指标的选择和应用。通过对国内外研究成果的梳理与分析，我们可以发现一些共性和差异。在共性方面，国内外都注重生产性能、经济效益和环境保护等方面的评估；在差异方面，由于养殖模式、管理方法和市场环境等因素的不同，国内外在评估指标的具体选择和权重分配上可能存在一定差异。因此，在选择评估指标时，我们需要结合自身的实际情况和需求进行灵活调整和应用。

3. 实践经验的借鉴与融合

除了研究成果外，通过查阅相关文献和资料，我们还可以了解到国内外在奶牛养殖场评估方面的实践经验。这些经验可能来自大型养殖场的成功案例、行业协会的推荐做法、专家的经验总结等多个方面。在实践经验方面，国内外的大型养殖场通常具有较为完善的评估体系和丰富的实践经验。他们可能通过长期的实践探索出了一套适合自己的评估指标和方法，并在实际应用中取得了良好的效果。这些实践经验对于我们来说具有重要的借鉴意义。我们可以通过学习他们的做法和经验，结合自身的实际情况进行改进和创新。同时，行业协会和专家也是获取实践经验的重要渠道。他们通常会定期发布行业报告、推荐做法和经验总结等文献资料，为我们提供了宝贵的参考和借鉴。通过学习他们的经验和做法，我们可以更加全面地了解行业内的最佳实践和前沿动态，为选择评估指标提供有力的支持。

（二）专家咨询法

1. 专家学者的专业知识对评估指标选择的重要性

在奶牛养殖场的运营管理中，评估指标的选择直接关系到养殖场的运营效果和未来发展。为了提高评估指标选择的科学性和合理性，邀请行业内的专家学者参与咨询和讨论显得尤为重要。专家学者通常具有深厚的学术背景和丰富的研究经验，他们对奶牛养殖行业的发展趋势、前沿技术以及评估方法有着更为深入的了解。他们的专业知识和独特视角，可以为评估指标的选择提供有力的理论支撑和科学依据。通过与专家学者的深入交流，我们可以更加全面地了解奶牛养殖场的运营特点和评估需求。他们可以从学术角度对评估指标进行剖析和评价，指出哪些指标更具科学性、代表性和可操作性。同时，他们还可以根据最新的研究成果和行业动态，为我们推荐一些新兴的、具有潜力的评估指标，使评估体系更加完善、先进。

2. 养殖场管理人员的实践经验对评估指标的指导作用

除了专家学者外，养殖场管理人员也是评估指标选择过程中不可或缺的力量。他们长期工作在奶牛养殖第一线，对养殖场的实际运营情况有着最为直接和深入的了解。他们的实践经验和管理智慧，可以为评估指标的选择提供宝贵的参考和指导。养殖场管理人员通常对养殖场的生产流程、管理环节以及存在的问题有着清晰的认识。他们知道哪些环节是关键控制点，哪些指标对养殖场的运营至关重要。因此，在评估指标选择过程中，他们的意见和建议往往能够直击要害，帮助我们筛选出真正符合养殖场实际需求的评估指标。同时，通过与养殖场管理人员的交流，我们还可以了解他们在实际工作中的经验和教训。这些宝贵的实践经验可以帮助我们避免在选择评估指标时走弯路或陷入误区，提高评估指标选择的针对性和实效性。

3. 技术人员的实践经验对评估指标选择的补充作用

在奶牛养殖场中，技术人员同样是一支不可忽视的力量。他们通常具有丰富的实践经验和专业技能，对养殖场的设备维护、技术应用以及生产操作有着深入的了解。他们的实践经验和技术能力，可以为评估指标的选择提供有益的补充和支持。技术人员对养殖场的设备运行状况、技术实施效果以及生产操作细节有着清晰的了解。他们知道哪些设备或技术环节对养殖场的运营影响较大，哪些指标能够真实反映设备或技术的性能状态。因此，在评估指标选择过程中，他们的意见和建议可以帮助我们更加全面地考虑各种因素，确保所选评估指标能够真实、准确地反映养殖场的实际运营情况。此外，技术人员还可以从技术应用的角度对评估指标进行剖析和评价。他们可以根据最新的技术动态和发展趋势，为我们推荐一些具有创新性和前瞻性的评估指标，使评估体系更加符合行业发展的需求和趋势。

（三）实地调查法

1. 实地调查的意义与目的

为了确保所选评估指标具有针对性和实用性，我们必须深入了解养殖场的实际运营状况和需求。而实地调查正是获取这些第一手资料的有效途径。通过实地调查，我们可以直接观察养殖场的生产环境、设备设施、奶牛状况以及管理人员的操作等，从而更加全面、准确地了解养殖场的运营情况和存在的问题。实地调查的目的在于为评估指标的选择提供真实、可靠的依据。通过深入了解养殖场的实际情况，我们可以确定哪些指标对于养殖场的运营至关重要，哪些指标能够真实反映养殖场的性能和效益。同时，实地调查还可以帮助我们发现养殖场可能存在的问题和瓶颈，为后续的改进和优化提供方向。

2. 实地调查的内容与方法

在进行实地调查时，我们需要关注以下几个方面的内容：首先，养殖场的生产环境，包括圈舍条件、卫生状况、通风与采光等；其次，设备设施的运行情况，如饲料加工设备、挤奶设备、消毒设备等是否正常运行；再次，奶牛的健康状况和生产性能，如奶牛的体型、毛色、精神状态以及产奶量、繁殖率等；最后，管理人员的操作水平和管理理念，他们的素质和技能直接影响到养殖场的运营效果。在调查方法上，我们可以采用观察、询问、记录等多种方式。观察是最直接的方法，通过眼睛看、耳朵听、鼻子闻等感官手段来获取信息；询问则是向管理人员、技术人员等了解养殖场的运营情况和存在的问题；记录则是将观察到的信息和了解到的情况进行整理和分析，为后续的评估指标选择提供依据。

3. 实地调查结果的利用

通过实地调查，我们可以获得大量关于养殖场实际运营状况和需求的第一手资料。这些资料对于我们选择评估指标具有重要的参考价值。首先，我们可以根据调查结果对现有的评估指标进行筛选和调整，保留那些能够真实反映养殖场实际情况和需求的指标，剔除那些与实际情况脱节或重复性较强的指标；其次，我们可以根据调查结果补充一些新的评估指标，使评估体系更加完善；最后，我们还可以根据调查结果对评估指标的权重进行分配，以体现不同指标在养殖场运营中的重要性。同时，实地调查结果还可以为我们提供改进和优化养殖场的思路和方向。通过分析调查结果，我们可以发现养殖场在运营管理中存在的问题和瓶颈，如设备老化、管理落后、环境污染等。针对这些问题，我们可以提出相应的改进措施和建议，如更新设备、提高管理水平、加强环境保护等，以推动养殖场的持续改进和发展。

第二节　评估指标体系的构建过程

一、明确评估目标和原则

（一）明确评估目标的重要性及其指导意义

1. 指导评估指标的选择

评估目标是评估工作的出发点和归宿，它直接决定了评估指标的选择范围和方向。例如，如果评估目标是提高奶牛养殖场的生产效率，那么在选择评估指标时，应重点关注与生产效率密切相关的指标，如奶牛的单产水平、饲料转化率等。而如果评估目标是提升养殖场的经济效益，那么除了生产效率外，还需要考虑成本、价格、市场需求等经济指标。

2. 确保评估结果的有效性

明确的评估目标有助于确保评估结果的有效性。只有当评估指标与评估目标紧密相关时，评估结果才能真实、准确地反映奶牛养殖场的运营状况和性能表现。否则，如果评估指标与评估目标脱节，那么无论评估方法多么先进、评估过程多么严谨，其评估结果都将失去意义。

3. 促进养殖场的持续改进

明确的评估目标还可以为养殖场的持续改进提供动力和方向。通过对评估结果的解读和分析，养殖场可以了解自身在哪些方面存在不足和需要改进的地方。这些反馈信息对于养殖场制订针对性的改进措施、优化生产流程、提高管理水平等都具有重要的指导意义。

（二）评估原则的确立及其在构建过程中的作用

1. 科学性原则

科学性原则是评估工作的基础，它要求评估指标的选择、权重的分配以及评估方法的运用都必须建立在科学的基础上。这意味着在构建奶牛养殖场评估指标体系时，应充分考虑奶牛养殖的生物学特性、生产规律以及市场需求等因素，确保所选指标能够真实、准确地反映养殖场的实际运营情况。同时，还需要运用科学的评估方法和技术手段，对评估数据进行收集、整理和分析，以确保评估结果的客观性和准确性。

2. 客观性原则

客观性原则要求评估工作必须遵循实事求是的原则，避免主观臆断和偏见对评估结果的影响。在构建奶牛养殖场评估指标体系时，应尽可能选择客观、可量化的指标，减少主观判断的成分。

3. 公正性原则

公正性原则是评估工作的核心，它要求评估过程必须公开、透明，评估结果必须公正、合理。为了实现这一原则，在构建奶牛养殖场评估指标体系时，应广泛征求各方意见和建议，确保所选指标具有广泛的代表性和认可度。同时，在评估过程中还应建立有效的监督机制，对评估过程进行全程跟踪和监督，确保评估结果的公正性和合理性。

4. 可操作性原则

可操作性原则要求评估工作必须具有可行性和可操作性，能够在实际操作中得以实施和应用。在构建奶牛养殖场评估指标体系时，应充分考虑评估工作的实施条件和资源限制，选择易于获取和处理的指标数据。同时，还应简化评估过程和方法，使其便于理解和操作，以便于养殖场管理人员和决策者能够轻松掌握和运用评估结果。

二、收集和分析相关资料

（一）宏观信息的收集与分析：把握行业脉搏，洞悉政策风向

在奶牛养殖场的评估工作启动之初，对国内外奶牛养殖行业的发展趋势进行全面的资料收集与深入地分析研究是至关重要的。这是因为行业的发展趋势往往决定了奶牛养殖场未来的发展方向和市场竞争态势。通过收集和分析国内外奶牛存栏量、牛奶产量、进出口数据、消费需求变化等资料，我们可以了解全球及国内奶牛养殖业的整体发展状况，把握行业的增长或减

少趋势，从而为养殖场的战略决策提供有力的数据支撑。政策法规是奶牛养殖业发展的重要影响因素。不同国家和地区对奶牛养殖的环保要求、动物福利标准、补贴政策等方面可能存在显著差异。通过深入研究这些政策法规，我们可以洞悉政府对奶牛养殖业的支持或限制措施，预测政策变化对养殖场可能带来的影响，进而调整养殖策略，规避潜在风险。技术标准则是奶牛养殖业规范化、标准化发展的基石。收集和分析国内外关于奶牛养殖的技术标准，如饲养管理规程、疫病防控指南、牛奶质量标准等，有助于我们了解先进养殖技术的应用和推广情况，提升养殖场的生产效率和产品质量。同时，通过与国际标准接轨，还可以增强养殖场在国际市场上的竞争力。

（二）微观信息的搜集与剖析：透视养殖场运营，把脉管理症结

除了对宏观信息的把握外，对具体奶牛养殖场的微观信息进行详细搜集和深入剖析同样至关重要。这些微观信息包括养殖场的生产数据、管理记录以及财务报表等，它们是评估养殖场运营状况和性能表现的基础。在生产数据方面，我们需要关注奶牛养殖场的存栏结构、繁殖记录、产奶量、疾病发生率等关键指标。这些数据能够直接反映养殖场的生产效率和动物健康水平。通过对这些数据的长期跟踪和分析，我们可以发现生产中存在的问题和瓶颈，进而提出针对性的改进措施，优化生产流程，提高奶牛的生产性能。在管理记录方面，我们应着重收集养殖场的饲养管理日志、疫病防控记录、员工培训档案等资料。这些记录能够体现养殖场的管理水平和员工素质。通过分析这些管理记录，我们可以评估养殖场的整体运营状况，发现管理上的漏洞和不足，进而完善管理制度，提高管理水平。

同时，对员工进行定期培训和考核也是提升养殖场整体运营效率的关键。在财务报表方面，我们需要详细审查养殖场的资产负债表、损益表以及现金流量表等财务资料。这些报表能够全面反映养殖场的财务状况和经营成果。通过对财务报表的深入分析，我们可以了解养殖场的盈利能力、偿债能力、运营效率以及现金流状况等关键财务指标，从而为养殖场的财务决策提供有力支持。同时，对财务报表的定期审计和监控也是确保养殖场财务健康和安全的重要手段。

三、初步确定评估指标

（一）生产性能方面的指标

生产性能是奶牛养殖场评估中最为基础的部分，它直接关系到养殖场的产出效率和产品质量。在这方面，我们可以选取以下几个关键指标。

1. 产奶量

这是衡量奶牛生产性能最直接且最重要的指标。产奶量的高低直接决定了养殖场的主要收入来源。同时，通过对个体奶牛和整个牛群的产奶量进行定期监测和比较，可以及时发现生产中的问题，如饲料配方是否合适、奶牛健康状况是否良好等。

2. 繁殖率

繁殖率反映了奶牛养殖场的种群更新能力和持续发展潜力。高繁殖率意味着养殖场能够更快地扩大规模，提高市场竞争力。同时，繁殖率也是评估养殖场繁殖管理水平的重要依据。

3. 奶牛健康状况

健康的奶牛是高效生产的基础。因此，奶牛的健康状况也是评估生产性能不可忽视的指标。这包括奶牛的疾病发生率、死亡率以及兽医费用等。通过对这些数据的分析，可以评估养殖场的疫病防控能力和动物福利水平。

（二）经济效益方面的指标

1. 成本收益率

成本收益率反映了养殖场投入与产出的比例关系。通过计算养殖场的总成本与总收入之比，我们可以了解养殖场的盈利能力以及成本控制水平。高成本收益率意味着养殖场能够以较低的成本获得较高的收益。

2. 投资回报率

投资回报率是衡量养殖场资本运用效率的重要指标。它反映了养殖场投资者从其所投入的资本中获得的回报程度。通过计算养殖场的净利润与投资额之比，我们可以评估养殖场的投资效益以及资金运用能力。

3. 饲料转化率

饲料是奶牛养殖的主要成本之一。因此，饲料转化率的高低直接影响到养殖场的经济效益。饲料转化率是指奶牛每消耗一定量饲料所能产生的奶量或增重量。通过提高饲料转化率，养殖场可以降低饲料成本，提高盈利能力。

四、对初步确定的评估指标进行筛选和优化

（一）评估目标的需要与数据的可获得性

1. 评估目标的需要

评估目标是整个评估工作的核心，它决定了我们需要收集哪些数据、采用何种方法以及最终得出什么样的结论。因此，在筛选和优化评估指标时，我们首先要明确评估目标的具体要

求。如果某些指标与评估目标关联度不高或者无法直接反映养殖场的运营状况和性能表现，那么这些指标就应被剔除或替换。同时，我们还要确保所保留的指标能够全面、客观地反映养殖场的各个方面，避免出现遗漏或偏颇的情况。

2. 数据的可获得性

数据的可获得性是筛选和优化评估指标过程中必须考虑的重要因素之一。有些指标虽然理论上很重要，但如果在实际操作中无法获取到准确、可靠的数据支持，那么这些指标就失去了存在的意义。因此，在筛选和优化指标时，我们要充分考虑数据的来源、采集难度以及准确性等因素。对于那些数据获取困难或者成本过高的指标，我们可以考虑用其他相关性较强且易于获取的指标进行替代。

（二）评估的可行性与实地调查的重要性

1. 评估的可行性

评估的可行性是指在现有条件下，评估工作能否顺利进行并取得预期效果。在筛选和优化评估指标时，我们要充分考虑评估工作的实施难度、时间成本以及人力物力投入等因素。对于那些实施难度较大或者成本过高的指标，我们可以考虑采用其他更为简便、经济的方法进行替代。同时，我们还要确保所保留的指标具有可操作性和可衡量性，便于在实际评估中进行量化和对比分析。

2. 实地调查的重要性

实地调查是获取第一手资料、了解养殖场实际情况的有效途径。通过实地调查，我们可以深入了解养殖场的运营状况、存在的问题以及潜在的改进空间等信息。这些信息对于筛选和优化评估指标具有重要的参考价值。通过对比实地调查结果与初步确定的评估指标，我们可以发现哪些指标与实际情况相符、哪些指标存在偏差或不足，从而有针对性地进行调整和优化。具体来说，在实地调查中，我们可以采用观察、访谈、问卷调查等多种方法收集信息。观察法可以让我们直观地了解养殖场的设施条件、管理水平以及奶牛的健康状况等情况；访谈法可以让我们与养殖场的管理人员和员工进行深入交流，了解他们的观点和建议；问卷调查法则可以让我们以更加标准化、量化的方式收集信息，便于后续的数据分析和处理。

在实地调查的基础上，我们可以结合专家的意见对初步确定的评估指标进行进一步的分析和论证。专家具有丰富的行业经验和专业知识，他们可以从更高的层次和更宽的视角对评估指标提出宝贵的意见和建议。通过听取专家的意见，我们可以更加准确地把握行业发展趋势和政策动向，更加科学地制订和调整评估指标。

五、确定评估指标的权重和计算方法

（一）权重的确定方法

权重的确定是一个复杂且关键的过程，它直接影响到评估结果的准确性和公正性。在实际操作中，我们可以采用以下几种常用的方法来确定权重。

1. 层次分析法

层次分析法是一种定性与定量相结合的决策分析方法。它通过将复杂的决策问题分解为多个层次和多个因素，构建判断矩阵，并通过求解判断矩阵的特征向量来确定各因素的相对权重。在奶牛养殖场评估中，我们可以利用层次分析法将评估指标按照其重要程度进行分层，然后逐层构建判断矩阵并求解权重。这种方法能够充分考虑指标之间的相对重要性，使得权重的确定更加科学和合理。

2. 主成分分析法

主成分分析法是一种通过降维技术将多个相关变量转化为少数几个综合变量的统计分析方法。在奶牛养殖场评估中，如果多个指标之间存在较强的相关性，我们可以利用主成分分析法提取出几个主成分，这些主成分能够反映原始指标的大部分信息，并且彼此之间互不相关。然后，我们可以根据每个主成分的方差贡献率来确定其权重。这种方法能够消除指标之间的信息重叠和冗余，使得权重的确定更加客观和简洁。

3. 专家打分法

专家打分法是一种依赖于专家经验和判断来确定权重的方法。在奶牛养殖场评估中，我们可以邀请多位具有丰富经验和专业知识的专家，让他们根据自己的判断对每个指标进行打分，然后对这些分数进行汇总和平均化处理，得到每个指标的权重。这种方法简单易行，能够充分利用专家的经验和智慧，但也可能受到专家主观因素的影响。

（二）计算方法的确定

在确定了每个指标的权重之后，我们还需要明确如何将这些指标的具体数值转化为最终的评估结果。这涉及计算方法的确定。在实际操作中，我们可以采用以下几种常用的计算方法。

1. 加权求和法

加权求和法是一种最基本的计算方法。它通过将每个指标的具体数值乘以其对应的权重，然后将所有乘积相加得到最终的评估结果。这种方法简单易行，能够直观地反映每个指标对最终结果的贡献程度。但是，它要求所有指标的数据都是同向的（即数值越大表示性能越好或越差），否则可能会导致结果失真。

2. 综合指数法

综合指数法是一种将多个指标综合成一个指数来表示整体性能的方法。在奶牛养殖场评估中，我们可以先对每个指标进行无量钢化处理（如标准化或归一化），然后将其乘以对应的权重并相加得到综合指数。这种方法能够消除不同指标量纲和数量级的影响，使得不同养殖场之间的比较更加公平和合理。但是，它要求所有指标的数据都是可比较的（即具有相同的量纲和数量级），否则需要先进行适当的数据处理。无论是采用哪种方法来确定权重和计算方法，我们都需要注意其合理性和可操作性。合理性是指所确定的方法应符合实际情况和评估目标的要求；可操作性是指所确定的方法应具有明确的操作步骤和易于实施的特点。只有这样，我们才能确保评估结果的准确性和公正性。

第三节　评估指标体系的优化与完善

一、评估指标优化的必要性

（一）适应行业发展变化

奶牛养殖行业作为农业畜牧业的重要组成部分，一直处于不断地发展变化之中。随着科技的进步、管理理念的更新以及市场需求的多样化，这个行业正经历着前所未有的变革。新的养殖技术层出不穷，如智能化饲喂系统、精准化环境控制等，这些技术的应用极大地提高了奶牛的生产效率和健康水平。同时，管理模式也在不断创新，从传统的粗放式管理向精细化、信息化管理转变，更加注重奶牛的个体差异和福利保障。此外，市场需求的变化也对奶牛养殖行业产生了深远影响，消费者对牛奶及其制品的品质、安全、营养等方面提出了更高要求。在这样的大背景下，评估指标体系作为衡量奶牛养殖场综合性能的重要工具，必须紧跟行业步伐，及时纳入新的评估要素，以确保评估结果的时效性和前瞻性。这不仅是评估工作的基本要求，也是推动奶牛养殖行业持续健康发展的关键所在。评估指标体系需要不断引入新的技术指标，以反映养殖技术的最新进展。例如，针对智能化饲喂系统，我们可以设置相应的评估指标来衡量其投喂精度、饲料转化率等性能；对于精准化环境控制，我们可以关注温度、湿度、空气质量等环境参数的调控效果。这些新指标的引入，将使评估结果更加贴近养殖场的实际运营情况，为技术升级和改造提供有力支持。

管理模式的变化也要求评估指标体系进行相应的调整。随着精细化、信息化管理模式的推广，我们需要更加关注奶牛养殖场的流程优化、成本控制、风险防控等方面的能力。因此，可以在评估指标体系中增加与这些方面相关的指标，如劳动生产率、成本控制水平、疫病防控效果等，以全面反映养殖场的管理水平和综合实力。市场需求的变化对评估指标体系提出了更高的要求。为了满足消费者对高品质牛奶及其制品的需求，我们需要在评估指标体系中更加注重产品质量、安全性、营养价值等方面的指标。例如，可以设置乳脂率、乳蛋白率、体细胞数等质量指标来衡量牛奶的品质；同时，加强对饲料、兽药等投入品的质量监控，确保产品的安全性；此外，还可以关注奶牛的营养状况和健康水平，以提高产品的营养价值。

（二）提高评估准确性

我们需要认识到奶牛养殖过程的复杂性。奶牛的生长、繁殖、产奶等过程受到多种因素的影响，包括遗传、环境、营养、管理等多个方面。这些因素之间相互作用，共同决定着奶牛的生产性能和健康状况。因此，在评估奶牛养殖场时，我们必须全面考虑这些因素，确保评估指标能够真实反映养殖场的实际情况。然而，原有的评估指标可能存在一些局限性。例如，某些指标可能过于注重某一方面的性能，而忽视了其他重要因素；或者某些指标的计算方法可能不够科学，导致评估结果存在偏差。这些问题的存在，使得评估结果无法准确反映养殖场的真实水平，从而影响了管理决策的针对性和有效性。为了修正这些缺陷，提高评估准确性，我们需要对评估指标体系进行优化。优化的过程应是一个持续不断、动态调整的过程，需要紧密结合奶牛养殖行业的最新发展和实践经验。

具体来说，我们可以从以下几个方面入手。一是对评估指标进行全面梳理和审查。我们需要对现有的评估指标进行逐一分析，了解其含义、计算方法、数据来源等方面的情况。通过梳理和审查，我们可以发现哪些指标是科学合理的，哪些指标存在缺陷或不足，从而为后续的优化工作奠定基础。二是根据奶牛养殖过程的实际情况调整评估指标。我们需要根据奶牛的生长规律、繁殖特性、产奶性能等因素，对评估指标进行适当调整。例如，我们可以增加与奶牛健康、福利相关的指标，以反映养殖场在动物健康管理方面的水平；或者调整某些指标的计算方法，使其更加科学合理。三是引入新的评估指标和方法。随着科技的进步和行业的发展，新的评估指标和方法不断涌现。我们可以积极引入这些新的指标和方法，以丰富和完善评估指标体系。例如，我们可以利用大数据、人工智能等技术手段，对奶牛养殖过程进行实时监测和分析，提取更多有价值的评估信息。四是加强评估人员的培训和管理。评估人员是评估工作的主体，他们的素质和能力直接影响着评估结果的准确性。因此，我们需要加强对评估人员的培训和管理，提高他们的专业素质和评估能力。通过培训和管理，我们可以确保评估人员能够正确理解评估指标的含义和计算方法，熟练掌握评估工具和技术手段，从而提高评估结果的准确性和可靠性。综上所述，优化评估指标体系是提高奶牛养殖评估准确性的重要途径。通过深入理解奶牛养殖过程、全面梳理和审查评估指标、调整评估指标、引入新的评估指标和方法以及加强评估人员的培训和管理等措施，我们可以不断完善评估指标体系，提高评估结果的准确性和可靠性，为奶牛养殖场的运营管理和决策制订提供有力支持。

（三）促进养殖场持续改进

评估指标体系的优化有助于养殖场更准确地识别自身存在的问题和不足之处。通过对各项指标的细致分析，养殖场可以清晰地看到自身在奶牛健康、生产效率、环境管理等方面的实际表现，并与行业内的优秀标准进行比较。这种对比分析能够帮助养殖场发现潜在的问题和短板，为后续的改进工作提供明确的方向和目标。优化后的评估指标体系可以更加全面地反映养殖场的综合性能。随着行业的发展和技术的进步，新的评估维度和指标不断被引入，使得评估结果更加全面、深入。这些新的维度和指标可能涉及奶牛的遗传品质、饲养管理、疫病防控、环境友好性等多个方面，它们共同构成了养殖场的综合性能评价体系。通过全面、系统地评估养殖场的各个方面，我们可以更加准确地把握其整体运营状况，为持续改进提供有力的支持。此外，评估指标体系的优化还有助于养殖场建立自我激励和自我约束的机制。

通过将评估结果与养殖场的利益相挂钩，我们可以激发养殖场主动改进、提升性能的积极性。同时，评估指标体系也可以作为一种外部约束力量，促使养殖场在追求经济效益的同时，更加注重环境保护、动物福利等社会责任的履行。这种自我激励与自我约束相结合的机制，将有助于推动养殖场的持续改进和行业的可持续发展。为了实现评估指标体系的优化并促进养殖场的持续改进，我们还需要做好以下几个方面的工作：一是加强宣传教育，提高养殖场对评估指标体系重要性的认识；二是开展培训指导，帮助养殖场掌握和运用新的评估方法和技术；三是加强监督检查，确保评估工作的公正性和有效性；四是建立信息反馈机制，及时收集和处理养殖场的反馈意见，不断完善评估指标体系。

二、评估指标体系优化的具体途径

（一）定期审查和更新指标

定期审查评估指标体系的目的是及时发现并删除过时或不再适用的指标。随着行业的发展，一些传统的评估指标可能逐渐失去其原有的意义和价值，无法再准确反映养殖场的实际性能。例如，随着智能化饲喂系统和精准化环境控制等新技术的应用，一些传统的饲喂效率和环境参数指标可能逐渐被淘汰。通过定期审查，我们可以及时发现这些过时指标，并将其从指标体系中删除，以保持指标体系的时效性和准确性。定期更新评估指标体系是为了增加新的、更具代表性的指标。随着养殖技术的进步和市场需求的变化，新的评估维度和指标不断涌现。这些新指标可能涉及奶牛的遗传品质、健康状况、生产效率、环境友好性等多个方面，能够更全面、更深入地反映养殖场的综合性能。例如，随着消费者对牛奶品质和安全性的关注度提高，我们可以增加与牛奶质量相关的指标，如乳脂率、乳蛋白率等，以更好地满足市场需求。通过及时将这些新指标纳入评估体系，我们可以确保评估结果的全面性和前瞻性。此外，在定期审查和更新评估指标体系的过程中，我们还需要对现有指标的权重和计算方法进行调整。不同的指标在反映养殖场性能时可能具有不同的重要性和敏感性。

随着行业的发展和市场的变化，一些指标的权重可能需要重新分配，以更好地反映其实际重要性。同时，计算方法也可能需要更新和优化，以提高评估结果的准确性和可靠性。例如，对于某些复合指标或综合性指标，我们可以采用更先进的数学模型或算法进行计算和分析，以提高评估结果的精度和可信度。为了实现评估指标体系的定期审查和更新，我们需要建立一套科学、规范、可持续的工作机制。这包括明确审查和更新的周期、流程和责任人；建立专门的工作团队或委员会负责具体工作；加强与行业内外专家、学者和机构的交流与合作；以及建立信息反馈机制及时收集和处理养殖场及相关利益相关者的反馈意见等。通过这些措施的实施，我们可以确保评估指标体系的持续完善和优化，为养殖场的持续改进和行业的健康发展提供有力支持。

（二）引入新的评估维度

在奶牛养殖行业的发展历程中，评估指标体系的完善始终是一个持续不断的过程。随着对奶牛养殖行业理解的加深，越来越多的新评估维度逐渐浮出水面，这些维度对于全面评价养殖场的性能至关重要。环境可持续性、动物福利和社会责任等，这些在近年来备受瞩目的评估维度，不仅反映了行业发展的最新趋势，也体现了社会大众对于养殖业更高的期待和要求。

环境可持续性作为新的评估维度，其重要性不言而喻。奶牛养殖过程中产生的粪便、废水等废弃物，如果处理不当，会对周边环境造成严重的污染。因此，将环境可持续性纳入评估指标体系，可以促使养殖场采取更为环保的养殖方式，如循环利用废弃物、减少能源消耗等，从而实现经济效益与环境效益的双赢。这一维度的引入，不仅有助于推动养殖场的绿色发展，也为整个行业的可持续发展奠定了坚实的基础。动物福利是另一个备受关注的评估维度。在现代化的养殖场中，奶牛不再仅仅被视为生产工具，其生理和心理需求也日益受到重视。确保奶牛享有充足的运动空间、舒适的休息环境以及良好的饲养管理，已经成为衡量养殖场性能的重要指标。将动物福利纳入评估指标体系，可以引导养殖场更加关注奶牛的生存状态，从而提高牛奶的质量和产量，同时也有助于提升养殖场的整体形象和声誉。

社会责任也是不可忽视的评估维度。作为社会大家庭的一员，养殖场在追求经济效益的同时，也必须承担起相应的社会责任。这包括保障食品安全、促进就业、支持公益事业等多个方面。将社会责任纳入评估指标体系，可以促使养殖场更加注重自身的社会形象和影响力，积极履行社会责任，为社会的和谐稳定发展作出贡献。为了将这些新的评估维度有效地纳入评估指标体系，我们需要采取一系列措施。首先，要加强宣传教育，提高养殖场对新评估维度的认识和重视程度。其次，要开展培训指导，帮助养殖场掌握和运用与新评估维度相关的知识和技能。最后，要加强监督检查，确保评估工作的公正性和有效性。

（三）优化指标权重和计算方法

优化指标权重是提升评估准确性的重要手段。不同的指标在反映养殖场性能时具有不同的重要性，因此，合理地分配权重是确保评估结果客观公正的关键。对于那些直接关联奶牛健康、生产效率和产品质量的关键指标，如产奶量、乳脂率、疾病发病率等，我们应适当增加其权重，以凸显它们在评估中的核心地位。同时，对于那些间接影响性能的辅助指标，如饲料转化率、环境参数等，我们可以根据其实际影响程度，适当调整其权重，以保证评估的全面性和均衡性。除了权重分配外，计算方法的优化也是提高评估结果准确性的关键环节。在奶牛养殖评估中，有些指标之间存在高度的相关性，如产奶量与饲料摄入量、乳脂率与乳蛋白率等。这些相关性可能导致信息的冗余和重复计算，进而影响评估结果的精确性。为了消除这种冗余信息，我们可以采用综合指数法、主成分分析等多元统计方法，对相关性较高的指标进行集成处理，提取出主要的信息成分，以构建更为简捷有效的评估模型。

此外，在计算方法的优化中，我们还应注重引入新技术和新方法。随着大数据、人工智能等技术的快速发展，它们在奶牛养殖评估中的应用逐渐展现出巨大的潜力。例如，利用机器学习算法对海量养殖数据进行深度挖掘和分析，可以更为准确地揭示各项指标之间的内在关系；而借助遥感技术和物联网技术，我们可以实现对养殖场环境参数的实时监测和动态评估，为计算方法的优化提供更为丰富和精确的数据支持。优化权重和计算方法的过程并非一蹴而就，它需要持续的行业调研、深入的数据分析和科学的决策支持。为了确保优化工作的顺利进行，我们可以建立专门的评估团队或委员会，吸纳行业专家、学者和实践者共同参与。同时，加强与国内外先进评估机构的交流与合作，及时引进和吸收先进的评估理念和方法，也是提升评估体系水平的有效途径。

（四）加强数据收集和分析能力

数据收集是评估工作的起点，也是确保评估结果准确性和可靠性的基础。为了建立完善的数据收集机制，我们首先需要明确收集的目标和内容，确保所收集的数据能够全面、准确地反映养殖场的实际运营情况。同时，建立规范的数据采集流程和标准，确保数据的来源可靠、处理得当。此外，加强数据质量控制也是不可或缺的一环，通过定期的数据质量检查和校验，及时发现并纠正数据错误和异常，确保数据的准确性和完整性。提高数据处理和分析的技术水平是加强数据收集和分析能力的核心。随着信息技术的快速发展，大数据、云计算、人工智能等先进技术为数据处理和分析提供了强大的支持。我们可以利用这些技术，对海量数据进行深度挖掘和分析，揭示数据背后的规律和趋势，为评估指标体系的优化提供科学依据。同时，加强数据分析人才的培养和引进也是提升数据处理和分析能力的重要途径。

通过专业培训和实践锻炼，培养一支既懂业务又懂技术的数据分析团队，为评估工作提供持续的人才支持。加强与相关部门和机构的合作也是加强数据收集和分析能力的重要举措。奶牛养殖行业涉及多个领域和部门，如农业、环保、卫生等。加强与这些部门和机构的合作，可以实现数据资源的共享和互通，扩大数据来源的广度和深度。同时，积极参与行业内的交流和合作，借鉴其他地区和行业的先进经验和做法，不断完善自身的数据收集和分析体系。除了以上措施外，我们还应注重数据的安全性和隐私保护。在数据收集、存储和处理过程中，严格遵守相关法律法规和行业规范，确保数据的安全性和隐私不受侵犯。同时，加强数据备份和恢复机制的建设，确保在意外情况下数据的完整性和可用性。

三、评估指标体系的完善策略

（一）建立动态调整机制

建立动态调整机制的首要任务是明确调整的目标和原则。调整的目标应是确保评估指标体系的时效性、前瞻性以及与行业发展的契合度。而调整的原则应包括科学性、公正性、实用性和可操作性等，以确保调整工作的顺利进行并达到预期效果。在实施动态调整机制时，我们需要采取一系列具体措施。首先，建立专门的评估团队或委员会，负责定期审查和修订评估指标体系。该团队或委员会应由行业专家、学者和实践者组成，以确保其具备丰富的行业知识和实践经验，能够准确把握行业发展的最新趋势和动态。其次，制订详细的审查和修订计划，明确审查的时间节点、修订的内容和方式等。审查的时间节点可以根据行业发展的实际情况进行灵活设置，如每年、每两年或每三年进行一次全面审查。修订的内容和方式则应根据审查结果和行业发展的需求来确定，可以包括删除过时指标、增加新指标、调整现有指标的权重和计算方法等。

此外，加强与其他行业和机构的交流与合作也是实施动态调整机制的重要途径。通过与其他行业的交流，我们可以借鉴其先进的评估理念和方法，不断完善自身的评估指标体系。而与相关机构的合作则可以为我们提供更多的数据支持和专业建议，帮助我们更准确地把握行业发展的动态和趋势。最后，建立有效的反馈机制是确保动态调整机制持续运行的关键。我们应定期收集和处理养殖场、行业协会、专家学者等相关利益相关者的反馈意见，及时调整和修正评估指标体系中的不足之处。同时，我们还应加强对评估结果的应用和推广，让更多的人了解和认可我们的评估指标体系，从而促进行业的健康发展。

（二）强化用户反馈机制

在奶牛养殖行业中，评估指标体系是衡量养殖场性能、推动行业进步的重要工具。而这一体系的最终目的是为用户服务，满足用户的需求和期望。因此，用户的反馈意见对于完善评估指标体系具有不可替代的重要意义。为了充分发挥用户的作用、确保评估指标体系的持续优化和改进，我们需要建立一套有效的用户反馈机制。用户反馈机制的核心在于搭建一个畅通无阻的沟通平台，让用户能够方便地表达自己对评估指标体系的看法和建议。这个平台可以是线上的，也可以是线下的，关键是要确保用户能够随时随地、无障碍地提供反馈。线上平台可以利用现有的社交媒体、行业论坛或专门的反馈系统，让用户能够轻松提交自己的意见和建议。线下平台则可以通过定期的用户座谈会、问卷调查等方式，与用户面对面交流，深入了解他们的需求和期望。收集到用户反馈后，我们需要对这些意见和建议进行认真分析和处理。要对反馈进行分类和整理，明确用户关注的重点和问题所在。然后，针对这些问题进行深入分析，找出背后的原因和解决方案。在分析过程中，要注重数据的支持和证据的收集，确保分析结果的客观性和准确性。根据分析结果，我们需要对评估指标体系进行针对性地改进和优化。

对于用户普遍关注的问题和重点需求，要优先进行调整和完善。改进和优化工作可以包括调整指标权重、优化计算方法、增加新指标等。在改进过程中，要注重与用户保持密切沟通，及时反馈改进进展和成果，让用户感受到自己的意见和建议得到重视和采纳。为了激励用户积极参与反馈机制，我们还可以采取一些激励措施。例如，设立用户反馈奖励计划，对提供有价值意见和建议的用户给予一定的奖励或认可。这样不仅可以提高用户的参与度和积极性，还可以促进用户与评估指标体系之间的良性互动和共同发展。此外，强化用户反馈机制还需要注重持续性和长期性。我们要定期回顾和分析用户反馈的情况和趋势，及时发现和解决新的问题和挑战。同时，要加强与用户之间的长期合作关系建设，让用户成为评估指标体系改进和优化的重要合作伙伴和推动力量。

（三）加强与国际接轨

加强与国际接轨的首要任务是深入了解国际奶牛养殖行业的发展趋势和前沿动态。我们可以通过参加国际养殖展会、交流会议以及访问国外先进养殖场等方式，全面了解国际奶牛养殖的最新技术、管理模式和市场需求。同时，积极引进和消化吸收国际先进的养殖理念和方法，结合我国奶牛养殖的实际情况，进行本土化的创新和应用。在评估指标体系方面，国际先进的经验和做法对我们具有重要的借鉴意义。我们可以学习和借鉴国际通用的评估指标和方法，如产奶量、乳脂率、乳蛋白率等关键指标的测定方法和评价标准。同时，关注国际奶牛养殖行业在动物福利、环境保护、食品安全等方面的新要求和趋势，及时将这些内容纳入我国的评估指标体系中，提高评估的全面性和前瞻性。除了学习和借鉴国际先进经验外，加强与国际接轨还需要注重国际合作与交流。我们可以与国际养殖组织、科研机构以及知名养殖企业建立长期稳定的合作关系，共同开展奶牛养殖技术研究和评估指标体系的完善工作。

通过合作与交流，我们可以及时了解国际奶牛养殖的最新研究成果和发展动态，推动我国奶牛养殖行业的科技进步和创新发展。在加强与国际接轨的过程中，我们还需要注重培养具有国际视野的奶牛养殖人才。通过加强与国际养殖教育机构的合作与交流，引进国外先进的奶牛养殖课程和教材，培养一批既懂技术又懂管理的国际化奶牛养殖人才。同时，鼓励我国奶牛养殖行业的从业人员积极参加国际培训和学习项目，提高他们的专业水平和国际竞争力。此外，加强与国际接轨还需要注重标准化和规范化建设。我们应积极参与国际奶牛养殖标准和规范的制订与修订工作，推动我国奶牛养殖行业的标准化和规范化进程。通过制订和实施统一的行业标准和规范，我们可以提高我国奶牛养殖产品的质量和安全性，增强我国奶牛养殖行业的整体竞争力和国际影响力。

第四章　数字化评估数据采集与处理

第一节　数据采集方法与技术

一、数据采集的基本概念与重要性

数据采集，是一个在现代信息社会中被频繁提及的词汇，它不仅是技术进步的产物，更是推动各行各业发展的关键力量。顾名思义，数据采集是指通过各种方法和工具从不同的来源有效收集数据的过程。在这个过程中，数据可以呈现多种形式，既可以是结构化的，整齐地排列在数据库的表格中，等待被查询和分析；也可以是非结构化的，如社交媒体上用户生成的文本、图片或视频，它们蕴含着丰富的信息和价值，等待被挖掘和利用。数据采集的重要性不言而喻，它是数据分析、机器学习和决策制订的基石。在大数据时代，数据已经成为一种宝贵的资源，而数据采集则是获取这种资源的关键手段。无论是商业领域的市场分析、竞争情报收集，还是科研领域的实验数据获取、现象观察，都离不开数据采集的支持。通过采集到的数据，我们可以更深入地了解市场趋势、消费者需求、产品性能等关键信息，从而为企业决策提供有力支持。同时，数据采集在机器学习和人工智能领域也发挥着举足轻重的作用。众所周知，机器学习的核心是算法和模型，而这些算法和模型的有效性很大程度上取决于输入数据的质量和数量。没有高质量、多样化的数据集，即使是最先进的算法和模型也可能得出错误的结论或无法达到预期的效果。因此，数据采集在这一领域的重要性不言而喻，它是构建高效机器学习系统的关键环节。

二、数据采集的主要方法

（一）问卷调查法

问卷调查法，作为一种历史悠久且广泛应用的数据采集方法，其核心在于通过精心设计的一系列问题，系统地从受访者那里获取信息。这种方法在社会科学研究、市场调研、政策制订等多个领域都扮演着举足轻重的角色。特别是在需要收集大规模人群意见和偏好数据时，问卷调查法凭借其标准化、量化的优势，成为研究者的首选工具。问卷调查法的有效性，首先取决于问卷设计的合理性。一个优秀的问卷需要确保问题的表述清晰、准确，避免引导性或模糊性的措辞，以确保受访者能够理解并准确回答问题。同时，问卷的结构和逻辑顺序也需要精心设计，以符合受访者的思维习惯，提高答题的流畅性和准确性。此外，问卷的长度和复杂度也需要适度控制，以避免受访者的疲劳和厌烦情绪影响答题质量。除了问卷设计，样本的代表性也是影响问卷调查有效性的关键因素。在选择样本时，研究者需要充分考虑样本的多样性和广泛性，以确保收集到的数据能够真实反映目标群体的整体情况。这通常需要通过科学的抽样方法来实现，如随机抽样、分层抽样等。同时，样本的数量也需要足够大，以满足统计学的要求，提高研究的可信度和推广性。然而，即使问卷设计和样本选择都做得很好，问卷调查的结果仍然可能受到受访者诚实度的影响。

由于种种原因（如社会期望、个人隐私等）受访者可能不愿意或不能提供真实的信息。这就需要在设计问卷时考虑到这些因素，采取一些措施来减少不实回答的可能性。例如，可以设置一些验证性问题来检测受访者的诚实度；或者采用匿名调查的方式，以消除受访者的顾虑，提高答题的真实性。此外，随着科技的发展，问卷调查法也在不断创新和进步。例如，在线问卷调查的兴起使得数据收集变得更加便捷和高效；同时，通过结合大数据和人工智能技术，研究者还可以对问卷数据进行更深入的分析和挖掘，揭示出更多有价值的信息和规律。尽管如此，问卷调查法仍然面临着一些挑战和限制。例如，在某些特定群体或敏感话题的研究中，问卷调查的可行性可能会受到质疑；同时，问卷调查的结果也可能受到受访者主观因素的影响，如记忆偏差、情绪波动等。因此，在使用问卷调查法时，我们需要充分认识到其局限性，并结合其他研究方法进行综合分析和验证。

（二）观察法

观察法，作为一种直接且基础的数据采集方法，其核心在于研究者通过自身感官或辅助工具直接观察并记录研究对象的行为或现象。这种方法在社会科学、心理学、生物学以及众多其他研究领域中均有着广泛的应用。它之所以受到研究者的青睐，很大程度上是因为其能够提供真实世界中第一手的数据资料。在社会科学领域，观察法常被用于研究人类社会中的各种行为模式、互动关系以及文化现象。比如，社会学家可以通过深入社区，观察居民的日常生活、交流方式以及社区活动，从而揭示社区内部的社会结构、文化习俗以及权力关系。这种实地观察的方式，有助于研究者深入理解社会现象的本质，避免了因依赖二手资料或问卷调查等方法可能带来的信息失真或误解。在心理学领域，观察法同样发挥着重要作用。心理学家可以通过观察实验对象在自然环境中的行为表现，了解他们的心理状态、情感反应以及认知过程。这种观察往往更加真实和客观，因为实验对象在没有意识到自己正在被观察的情况下，更可能展现出真实的自我。

通过观察法收集到的数据，心理学家可以更加准确地分析人的心理活动规律，为心理健康教育和心理治疗提供科学依据。在生物学领域，观察法同样是不可或缺的研究工具。生物学家可以通过观察动植物的生长过程、行为习性以及生态环境，揭示生物界的奥秘和规律。这种观察往往需要长时间的耐心等待和细致入微地记录，但正是这些第一手的数据资料，为生物学的理论构建和实验验证提供了坚实的基础。然而，尽管观察法具有诸多优点，但在实际应用过程中也面临着一些挑战和限制。其中最主要的问题之一便是观察者主观偏见的影响。由于人的认知和情感不可避免地会受到自身经验、价值观以及期望等因素的影响，因此观察者在记录和分析数据时往往难以做到完全客观。这种主观偏见可能会导致对研究结果的误判或曲解，从而影响研究的准确性和可信度。为了克服这一问题，研究者通常需要采取一系列措施来减少主观偏见的影响。首先，在观察者选择方面，需要尽量选取具有专业素养和丰富经验的研究者进行观察，以确保他们能够更加准确地识别和理解研究对象的行为和现象。其次，在观察过程中，需要尽量采用标准化的观察程序和记录方式，以减少因个人习惯或偏好带来的差异。此外，还可以通过多人同时观察、交叉验证等方式来提高数据的可靠性和有效性。

（三）实验法

实验法，作为科学研究的一大支柱，以其独特的控制变量方式，在探索不同因素对结果的影响上发挥着至关重要的作用。在实验室的封闭环境中，研究者得以摆脱外界干扰，精确地操纵自变量，并细致地观察因变量随之产生的变化。这种方法的严谨性和精确性，使得实验法在众多科研领域中占据了不可替代的地位。实验法的核心优势在于其内部有效性，即实验所揭示的因果关系在很大程度上是真实且明确的。通过精心设计的实验程序，研究者可以确保除了正在研究的自变量外，其他所有可能影响结果的变量都得到有效控制。这样，当自变量发生变化时，观察到的因变量变化就更有可能是由自变量的变化直接引起的。这种内部有效性为研究者提供了强大的工具，帮助他们深入理解事物之间的因果关系，从而推动科学知识的积累和进步。然而，实验法的优点虽然显著，但也并非没有局限。其最大的挑战之一就在于外部有效性，即实验结果在实验室外的更广泛环境中的适用性问题。实验室环境，尽管为研究者提供了理想的控制条件，但往往过于简化或人工化，无法完全模拟现实世界的复杂性。因此，在实验室中得出的结论，在应用到实际生活中时可能会受到各种未知因素的干扰，导致结果出现偏差或失效。例如，在心理学实验中，研究者可能会发现某种心理干预在实验室条件下对受试者有效，但当这种干预应用到日常生活中时，可能会因为环境、文化、社会支持等因素的差异而无法产生同样的效果。同样，在生物医学研究中，动物实验或体外实验的结果在应用到人体时也可能存在差异，因为人体内的生理环境和相互作用机制远比实验室条件要复杂得多。

（四）网络爬虫技术

网络爬虫的工作原理，简而言之，就是模拟人类浏览网页的行为，但又极大地提高了效率和规模。它们可以快速地遍历互联网上的链接，下载网页内容，并通过各种算法解析出所需的数据。这些数据可以是文本、图片、视频、音频等各种形式，涵盖了从社交媒体动态、新闻报道、产品评论到股票价格、天气预报等方方面面的信息。在大数据分析和市场竞争情报收集中，网络爬虫发挥着不可替代的作用。它们能够帮助企业实时监测市场动态、竞争对手的动向以及消费者的需求变化，从而作出更快速、更准确的决策。同时，网络爬虫也是数据科学家在进行数据挖掘和机器学习时的重要工具，它们可以收集到大量的训练数据和测试数据，为模型的训练和验证提供坚实的基础。

然而，正如任何强大的技术都有其两面性一样，网络爬虫的使用也伴随着一定的法律风险。在抓取数据的过程中，如果不遵守相关法律法规和网站的使用条款，就可能侵犯到他人的隐私权、知识产权等合法权益，从而面临法律诉讼和巨额赔偿的风险。因此，在使用网络爬虫时，必须严格遵守法律法规，尊重他人的权益，同时也要密切关注目标网站的使用条款和隐私政策，确保自己的行为合法合规。除了法律风险外，网络爬虫在实际应用中还面临着其他挑战。例如，随着反爬虫技术的不断发展，许多网站都采用了各种手段来防止被爬虫抓取数据，如设置验证码、限制访问频率、使用动态加载等。这就需要爬虫开发者不断提高技术水平，研究新的抓取策略和方法，以应对这些挑战。尽管如此，网络爬虫在大数据时代仍然拥有着广阔的应用前景和巨大的潜力。随着技术的不断进步和法律法规的日益完善，我们有理由相信，网络爬虫将在未来发挥更加重要和积极的作用，为人类揭开更多数据宝藏的神秘面纱。

（五）传感器与物联网技术

随着技术的不断进步，传感器和物联网技术已经成为现代社会不可或缺的一部分。它们为实时数据采集铺平了道路，使得我们能够以前所未有的方式感知和了解周围环境。无论是在城市的大街小巷，还是在偏远的自然环境，这些微小但功能强大的设备都在默默地工作，持续监测和收集着各种物理量的变化数据。想象一下，在繁忙的城市交通中，传感器能够实时监测道路的温度、湿度和车辆流量。这些数据不仅可以帮助交通管理部门优化交通流量，减少拥堵，还可以在极端天气条件下提前预警，确保行车安全。在智能家居中，传感器同样发挥着重要作用。它们可以监测室内的温度、湿度和空气质量，自动调节空调和净化器的运行，为我们创造一个舒适、健康的居住环境。

环境监测是另一个受益于传感器和物联网技术的领域。通过部署在森林、河流和大气中的传感器，科学家们可以实时了解生态系统的健康状况。这些数据不仅有助于我们更好地保护地球，还可以为政策制订者提供科学依据，制订更加有效的环境保护措施。然而，尽管传感器和物联网技术带来了无限的可能性，但我们也必须正视其面临的挑战。首先，传感器数据的准确性和可靠性可能受到多种因素的影响。环境因素，如极端天气、电磁干扰等，都可能对传感器的读数造成干扰。此外，传感器本身的性能也是一个关键因素。不同类型的传感器具有不同的精度和稳定性，因此选择合适的传感器对于确保数据的准确性至关重要。

（六）社交媒体 API 与公开数据集

社交媒体平台（如微博、抖音、Facebook、Twitter 等）如今已成为人们生活中不可或缺的一部分。它们不仅仅是人们交流、分享的平台，更是一个巨大的数据宝库。为了促进数据的流通与利用，这些平台通常都会提供 API（应用程序接口）接口。通过这些接口，开发者可以编写程序，自动化地访问和获取平台上的数据，如用户发布的内容、互动信息、地理位置等。这为研究者进行社会网络分析、舆情监测、用户行为研究等提供了极大的便利。除了社交媒体平台，许多组织和机构也致力于数据的公开与分享。这些组织可能是政府机构、科研机构、非营利组织或企业。它们会定期或不定期地公开发布自己的数据集，供公众免费或付费使用。这些数据集涵盖了各个领域，如经济、教育、环境、健康等，为研究者提供了宝贵的研究素材。例如，政府机构发布的统计数据可以帮助研究者了解国家的发展状况和政策效果；科研机构分享的实验数据可以促进科学研究的进展和知识的积累。然而，虽然数据的获取变得相对容易，但使用这些数据时却需要格外小心。因为数据往往涉及个人隐私、商业机密等敏感信息，如果不当使用或泄露，可能会给个人、企业甚至社会带来严重的后果。

因此，在使用社交媒体平台的 API 接口或组织机构公开的数据集时，研究者必须严格遵守数据提供方的使用协议和隐私政策。这些协议和政策通常会明确规定数据的使用范围、使用方式、禁止行为以及违规后果等。研究者需要认真阅读并理解这些条款，确保自己的研究活动符合规定。此外，研究者在使用数据时还应注意数据的真实性和有效性。因为社交媒体平台上的数据可能存在虚假信息、广告干扰等问题；而组织机构公开的数据集也可能存在数据缺失、错误或过时等问题。因此，在使用数据之前，研究者需要进行必要的数据清洗和预处理工作，以提高数据的质量和可靠性。

第二节 数据处理流程与方法

一、数据收集

数据收集是数据处理的首要环节，其重要性不言而喻。无论是为了商业决策、科学研究，还是为了日常生活中的各种需求，我们都需要从各种来源获取原始数据。这些来源广泛而多样，可能包括数据库、文件、网络、传感器等。每一种来源都有其独特的特点和优势，同时也伴随着相应的挑战。在数据库方面，企业级的数据库系统通常存储着大量的结构化数据，这些数据经过严格地设计和整理，便于后续的查询和分析。但是，如何从海量的数据中提取出有用的信息，避免“数据丰富，信息贫乏”的困境，是数据库收集数据时需要面对的问题。文件，特别是电子文件，如 Excel 表格、CSV 文件等，也是我们经常遇到的数据来源。这些文件通常包含着某一特定主题或项目的详细信息，对于研究者来说具有很高的价值。但是，文件的格式和标准可能因来源而异，需要进行相应的格式转换和标准化处理。网络作为一个开放的信息平台，为我们提供了海量的非结构化数据。这些数据包括网页文本、社交媒体上的用户评论、论坛讨论等。通过网络爬虫技术，我们可以自动化地抓取这些信息，并将其整理成结构化的数据格式。然而，网络数据的复杂性和多样性也给数据收集带来了不小的挑战。

传感器则是物联网时代的重要数据来源。通过部署在环境中的各种传感器，我们可以实时地获取温度、湿度、压力、光照等物理量的数据。这些数据对于环境监测、智能家居等领域具有重要的应用价值。但是，传感器数据的实时性和连续性要求我们在数据收集时必须具备高效的数据传输和处理能力。在数据收集阶段，我们需要根据实际需求确定数据的类型、格式和存储方式。例如，对于数值型数据，我们可以选择使用浮点数或整数类型进行存储；对于文本型数据，则需要考虑使用哪种字符编码格式。此外，数据的存储方式也是一个需要考虑的问题。我们可以选择将数据存储在关系型数据库中，以便于进行结构化查询和分析；也可以选择将数据存储在 NoSQL 数据库中，以支持非结构化和半结构化数据的存储和处理。除了数据类型和存储方式外，数据的完整性和准确性也是我们在数据收集时需要重点考虑的问题。不完整或不准确的数据会对后续的数据处理和分析产生严重的影响，甚至可能导致错误的结论和决策。因此，我们需要采取各种措施来确保数据的完整性和准确性。例如，对于网络爬虫抓取的数据，我们可以使用正则表达式或自然语言处理技术进行清洗和过滤；对于传感器数据，则可以通过设置合理的采样频率和校准机制来提高数据的准确性。同时，我们还需要对数据进行必要的验证和测试，以确保其满足分析需求。

二、数据清洗

（一）去除重复值

唯一标识符是一种能够唯一标识数据记录或观测值的字段或字段组合。它可以是数据库中的主键、数据表中的唯一约束，或者是根据业务规则自定义的唯一标识。在去除重复值时，我们可以利用这些唯一标识符来比较和识别重复的记录。如果两条记录的唯一标识符相同，那么它们就可以被认为是重复的，需要进行相应的处理。哈希值是通过哈希函数计算得到的一种固定长度的数值表示。哈希函数可以将任意长度的输入数据映射为固定长度的输出值，这个输出值就是哈希值。哈希值具有唯一性和不可逆性的特点，即不同的输入数据很难产生相同的哈希值，同时无法从哈希值反向推导出原始的输入数据。在去除重复值时，我们可以计算每条记录的哈希值，并通过比较哈希值来识别重复的记录。如果两条记录的哈希值相同，那么它们就有很大的可能性是重复的，需要进一步验证和处理。在实际的数据处理过程中，去除重复值的方法可以根据数据的具体情况和需求进行灵活选择。对于具有唯一标识符的数据，我们可以直接使用这些标识符进行去重处理。例如，在数据库中，我们可以利用主键或唯一约束来确保每条记录的唯一性，避免重复数据的插入。

对于没有唯一标识符的数据，我们可以根据字段的组合或业务规则自定义唯一标识，然后进行去重处理。在计算哈希值进行去重时，我们需要选择合适的哈希函数和参数设置。哈希函数的选择应考虑到数据的特性和去重的需求，以确保哈希值的唯一性和计算效率。同时，我们还需要注意处理哈希冲突的情况。哈希冲突是指不同的输入数据产生了相同的哈希值的情况。虽然哈希冲突的概率很低，但在处理大量数据时仍然可能发生。为了解决哈希冲突，我们可以采用一些额外的措施，如增加哈希函数的复杂度、使用多个哈希函数进行组合等。除了直接删除重复的记录外，我们还可以根据实际需求进行更加灵活地处理。例如，对于某些情况下允许存在一定程度的重复数据，我们可以设置重复阈值或相似度指标来判定是否需要进行去重处理。此外，我们还可以对重复数据进行合并或聚合操作，以保留更多的信息或满足特定的分析需求。

（二）处理缺失值

处理缺失值的首要任务是了解缺失值的类型和分布情况。缺失值可以分为完全随机缺失、随机缺失和非随机缺失 3 种类型。完全随机缺失是指缺失值的出现与任何变量都无关，随机缺失是指缺失值的出现仅与已观测到的变量有关，而非随机缺失则是指缺失值的出现与未观测到的变量有关。了解缺失值的类型有助于我们选择合适的处理方法。同时，我们还需要分析缺失值的分布情况，包括缺失值的数量、比例以及在不同变量上的分布情况，以便更好地评估缺失值对分析结果的影响。在选择处理缺失值的方法时，我们需要考虑多个因素。首先，我们需要根据数据的类型和分布情况来选择合适的填充方法。对于连续型变量，我们可以考虑使用均值填充、中位数填充或众数填充等方法来填充缺失值。均值填充是将变量的均值作为填充值，适用于数据分布较为对称的情况；中位数填充则是将变量的中位数作为填充值，适用于数据分布存在偏态或异常值的情况。对于分类变量，我们可以使用众数填充或特定的类别作为填充值。此外，插值法也是一种常用的处理缺失值的方法，它可以通过已知的数据点来估算缺失值，如线性插值、多项式插值等。除了填充方法外，我们还需要考虑是否删除含有缺失值的记录。

在某些情况下，如果缺失值的比例较小且对分析结果影响不大，我们可以选择直接删除含有缺失值的记录。这样可以简化数据处理过程并减少噪声对分析结果的影响。然而，需要注意的是，删除含有缺失值的记录可能会导致信息丢失和样本偏差，特别是当缺失值不是完全随机分布时。因此，在删除记录之前，我们需要仔细评估缺失值对分析结果的影响以及删除记录可能带来的后果。在实际应用中，处理缺失值的方法选择需要根据具体情况进行灵活调整。我们可以结合数据的特性、分析需求以及领域知识来综合判断选择何种方法。同时，我们还需要进行必要的验证和测试来确保处理缺失值的效果和准确性。例如，我们可以使用统计方法或机器学习算法来评估填充后的数据与原始数据的相似度或预测性能的差异，以便及时调整和优化处理方法。

（三）数据类型转换

数据类型转换的过程涉及多个方面，其中最常见的是将文本型数据转换为数值型或日期型数据。例如，在处理包含日期的数据时，我们可能会遇到以文本形式存储的日期，如“2023-04-01”。为了进行时间序列分析或日期相关的计算，我们需要将这些文本型日期转换为日期型数据。这通常涉及解析日期字符串，识别其中的年、月和日，并将其转换为计算机能够理解的日期格式。同样地，将分类变量转换为数值型变量也是数据类型转换中的一项重要任务。分类变量，如性别、职业或产品类别等，通常以文本形式存储。

（四）异常值检测与处理

异常值，顾名思义，是指那些在数据集中与其他数值存在显著差异的观测值。它们可能是由于测量错误、数据录入失误，或是真实世界中的罕见事件导致的。在数据分析中，异常值的存在可能会对均值、标准差等统计量产生显著影响，从而导致分析结果的偏差。为了有效地识别异常值，数据分析师通常会采用各种统计方法。其中，标准差法是一种常用的异常值检测方法。通过计算数据集中各观测值与均值之间的标准差，我们可以设定一个阈值，将那些距离均值多个标准差之外的观测值视为异常值。这种方法简单直观，但在处理非对称分布或存在极端异常值的数据集时可能效果不佳。

四分位数法则是另一种流行的异常值检测方法。它将数据集分为4个等份，其中第一四分位数（Q1）和第三四分位数（Q3）之间的范围称为四分位距（IQR）。那些小于Q1–1.5IQR或大于Q3+1.5IQR的观测值被认为是异常值。这种方法对于处理偏态分布和存在离群点的数据集较为稳健。当然，除了上述两种方法外，还有许多其他用于异常值检测的统计方法和技术，如箱线图、Z–score方法、DBSCAN聚类等。这些方法各有优缺点，在实际应用中需要根据数据的特点和分析需求进行选择。一旦识别出异常值，接下来的任务就是根据实际情况对其进行处理。

处理异常值的方法多种多样，包括但不限于以下几种：删除异常值、替换为特定值（如均值、中位数、众数等）、使用插值法进行修正，或者保留异常值但对其进行特殊标记或处理。在删除异常值时，我们需要谨慎行事，因为简单地删除这些观测值可能会导致信息丢失或引入样本选择偏差。替换为特定值是一种较为保守的处理方法，它可以减少异常值对统计量的影响，但同时也可能掩盖了数据中的真实信息。插值法则是一种更为精细的处理方法，它可以根据数据集中的其他观测值来估算异常值的真实值。然而，插值法的准确性取决于数据集的特性和插值方法的选择。在某些情况下，保留异常值并对其进行特殊标记或处理可能是最佳的选择。这样做的好处是可以保留数据集中的所有信息，同时通过分析异常值可能揭示出数据集中隐藏的有趣模式或异常事件。例如，在信用卡欺诈检测中，那些与正常交易模式显著不同的交易可能正是欺诈行为的信号。

三、数据转换

（一）数据聚合

数据聚合的核心在于选择合适的维度进行汇总。这些维度可以根据分析的目的和数据的特性来确定，比如时间、地点、类别等。以时间为维度进行聚合是最常见的做法之一，它可以帮助我们了解数据随时间变化的趋势，比如销售额的月度或年度总和。地点作为另一个重要维度，常用于地理空间数据的分析，比如统计某个区域内的人口密度或犯罪率。此外，类别维度也广泛应用于各种场景，比如按照产品类型对销售数据进行聚合，以了解不同产品的市场表现。在进行数据聚合时，我们需要选择合适的聚合函数来计算汇总指标。常见的聚合函数包括求和、平均值、最大值、最小值等。求和函数用于计算指定维度下所有数值的总和，它可以帮助我们了解整体的规模或总量。平均值函数则用于计算数值的平均水平，它可以消除个别极端值的影响，提供更稳健的度量。最大值和最小值函数则分别用于找出指定维度下的最大数值和最小数值，它们可以帮助我们识别数据中的极端情况或异常值。数据聚合的过程需要注意数据的完整性和一致性。在进行聚合之前，我们需要对数据进行清洗和预处理，以确保数据的准确性和可靠性。这包括处理缺失值、异常值、重复值等问题，以及进行必要的数据转换和标准化。

此外，我们还需要考虑数据的粒度问题，即数据的详细程度。不同的粒度可能会导致不同的聚合结果，因此我们需要根据分析的需求选择合适的粒度进行聚合。数据聚合的结果可以用于各种分析和决策场景。比如，在商业领域中，企业可以通过聚合销售数据来了解不同产品、不同区域或不同时间段的销售情况，从而制订更有效的市场策略。在政府管理中，聚合数据可以帮助决策者了解社会经济的发展趋势和地域差异，为政策制订提供科学依据。在科学研究中，数据聚合也是一种重要的分析方法，它可以帮助研究人员揭示隐藏在大量数据中的规律和模式。然而，我们也需要认识到数据聚合的局限性。由于聚合过程中会丢失一些细节信息，因此聚合结果可能无法完全反映数据的真实情况。此外，选择合适的维度和聚合函数也需要一定的专业知识和经验，否则可能会导致误导性的结论。因此，在进行数据聚合时，我们需要谨慎选择方法，并结合其他分析手段进行综合判断。

（二）数据筛选

数据筛选是数据处理和分析中至关重要的一个环节，它涉及从海量的原始数据中挑选出符合特定条件的记录或观测值，以便进行更深入、更精准地分析。在大数据时代，我们面临的数据量往往庞大而复杂，其中包含着大量的噪声、冗余和不相关信息。因此，数据筛选的目的就是去粗取精，提取出那些与分析需求紧密相关、具有代表性和可信度的数据，为后续的分析工作奠定坚实的基础。在进行数据筛选时，我们首先需要明确分析的目标和需求，这是确定筛选条件的关键。只有明确了分析的方向和目的，我们才能有针对性地设定筛选条件，从而确保筛选出的数据能够满足分析的需求。这些条件可能涉及数据来源、时间范围、数值大小、类别归属等多个方面。例如，在进行市场调研时，我们可能需要筛选出某一特定时间段内的销售数据，或者筛选出某个地区的消费者购买记录。在进行科学实验数据分析时，我们可能需要挑选出符合特定实验条件的观测值，以排除其他因素的干扰。在医疗健康领域，数据筛选更是关乎生命健康，可能需要筛选出符合特定年龄、性别、病情等条件的患者数据，以确保分析结果的准确性和可靠性。数据筛选的过程需要借助各种数据处理工具和技术来实现。现代的数据分析软件提供了强大的数据筛选功能，可以通过简单的拖拽操作或编写筛选脚本，快速地从数据集中挑选出符合条件的记录。这些工具不仅提高了数据筛选的效率，还降低了操作的复杂性和出错率。

（三）数据排序

数据排序的基本原理是依据指定的排序键（即字段值），将数据集合中的元素按照升序（从小到大）或降序（从大到小）的方式重新排列。这个排序键可以是数值型的，如销售额、温度等；也可以是文本型的，如姓名、地址等；甚至可以是日期型的，如交易时间、出生日期等。在实际应用中，我们通常会根据分析的目的和数据的特点来选择合适的排序键。数据排序的范围非常广泛，几乎渗透到所有需要处理和分析数据的领域。在商业分析中，我们可以通过对销售数据按照销售额进行排序，快速找出销售额最高的产品或地区；在学术研究中，科研人员可以通过对实验数据按照某个关键指标进行排序，来评估不同实验条件下的效果差异；在日常生活中，我们也经常利用排序功能来整理通讯录、管理日程或者筛选网络信息等。除了基本的单字段排序外，多字段排序也是一种常见的需求。

多字段排序允许我们同时考虑多个排序键，先按照第一个字段进行排序，当第一个字段相同时，再按照第二个字段进行排序，以此类推。这种排序方式在处理复杂数据集时非常有用，它可以帮助我们更全面地理解数据的结构和特征。在进行数据排序时，我们还需要注意一些潜在的问题和挑战。首先，对于大规模数据集来说，排序操作可能会消耗大量的计算资源和时间。因此，在选择排序算法时，我们需要权衡算法的复杂度和数据集的大小，以确保排序操作的效率和可行性。其次，对于包含缺失值或异常值的数据集来说，直接进行排序可能会导致结果的不准确或误导。在这种情况下，我们需要先对数据进行清洗和预处理，以确保排序结果的可靠性和有效性。此外，随着技术的发展和数据的多样化，一些新的排序技术和方法也不断涌现。例如，基于机器学习的排序算法可以根据数据的特征和模式来自动学习排序规则；基于图形化界面的交互式排序工具则允许用户通过拖拽和点击等操作来直观地定义和执行排序任务。这些新技术和方法为我们提供了更多的选择和可能性，使得数据排序更加灵活、高效和智能化。

（四）特征工程

特征工程，作为机器学习领域的核心步骤，旨在通过精心提取、构造或转换数据集中的特征，以显著提升模型的预测性能。在机器学习的实际应用中，原始数据集往往包含大量冗余、不相关或高度相关的信息，这些信息若直接输入模型，可能导致模型学习困难、性能下降或过度拟合。因此，特征工程的作用就显得尤为重要，它能够帮助我们提炼出数据中最具代表性、最富信息量的特征，为模型学习提供优质的“食材”。特征工程涉及多个子任务，其中特征选择是至关重要的一环。特征选择的目标是从原始特征集中挑选出那些对模型预测最有帮助的特征，同时剔除那些无关紧要的特征。这一过程可以通过多种方法实现，如基于统计的方法（如方差分析、相关性分析等）、基于信息论的方法（如互信息、信息增益等）以及基于模型的方法（如决策树、随机森林等）。通过这些方法，我们可以有效地降低特征的维度，提高模型的泛化能力，并减少计算资源的消耗。

除了特征选择，特征编码也是特征工程中不可或缺的一部分。在实际应用中，我们经常会遇到一些非数值型的特征，如类别型特征（如性别、职业等）或文本型特征（如评论、摘要等）。这些特征无法直接输入大多数机器学习模型中，因此需要进行特征编码。独特编码将类别型特征转换为一种二进制向量表示，其中每个类别对应一个唯一的向量；而标签编码则将类别型特征转换为一个整数序列，每个类别对应一个唯一的整数。通过这些编码方法，我们可以将非数值型特征转换为数值型特征，使其适用于各种机器学习模型。特征变换是特征工程中的另一个重要环节。特征变换的目标是对原始特征进行某种形式的转换或组合，以生成新的、更具表达能力的特征。常见的特征变换方法包括归一化（Normalization）和标准化（Standardization）。归一化是将特征值缩放到一个特定的范围内（如 [0,1]），以消除不同特征之间的量纲差异；而标准化则是将特征值转换为均值为 0、标准差为 1 的标准正态分布，以使模型对特征的敏感性保持一致。此外，还可以通过多项式特征组合、主成分分析（PCA）等方法进行更复杂的特征变换。

四、数据分析

（一）描述性统计

描述性统计，作为数据分析的基石，旨在通过计算一系列统计指标来全面、系统地描述数据的内在特性。这些指标不仅包括均值、中位数、众数等用于描述数据集中趋势的统计量，还涉及标准差等用于刻画数据离散程度的度量。通过这些统计手段，我们能够更加清晰地理解数据的整体分布、波动情况以及潜在的异常值，从而为后续的深入分析提供有力支持。当我们谈论数据的“集中趋势”时，实际上是在探讨数据向哪个数值或哪些数值集中的倾向。均值，作为最常用的统计量之一，通过将所有数据点的值相加后除以数据点的总数计算得出。它为我们提供了一个直观的数据“平均水平”的度量，但需要注意的是，均值对极端值较为敏感，因此在数据存在显著偏态或异常值时可能不够稳健。此时，中位数和众数就显得尤为重要。中位数是将所有数据点按数值大小排序后位于中间位置的数，它对于极端值的影响较小，因此在数据分布偏斜时更能反映大多数数据的真实情况。而众数则是数据集中出现次数最多的数值，它特别适用于描述分类数据或离散数据的集中趋势。

除了集中趋势外，数据的离散程度也是我们关注的焦点。离散程度描述了数据点围绕其中心点的分布宽度或波动范围。标准差，作为衡量数据离散程度的最常用指标之一，反映了数据点偏离均值的平均程度。一个较小的标准差意味着数据点相对紧密地聚集在均值附近，而较大的标准差则表明数据点分布较为分散。通过比较不同数据集的标准差，我们可以对它们的波动性或稳定性有一个直观的认识。然而，描述性统计并不仅限于这些基本指标。根据数据的性质和分析目的的不同，我们还可以计算更多高级统计量来进一步揭示数据的内在规律。例如，偏度和峰度用于描述数据分布的形状特征；四分位数和箱线图则有助于我们识别数据中的异常值或离群点；而协方差秩相关系数则用于衡量两个变量之间的关联程度和方向。在实际应用中，描述性统计广泛应用于各个领域的数据分析工作。无论是商业领域的市场调研、金融领域的风险评估，还是医学领域的临床试验、社会科学领域的问卷调查，描述性统计都为我们提供了一种简洁而有效的方式来概括和解释数据的基本特征。通过深入挖掘这些统计指标所蕴含的信息，我们能够更好地理解数据的本质，从而为决策制订提供科学依据。

（二）探索性分析

绘制图表是探索性分析中最常用且直观的方法之一。直方图以其独特的条形展示方式，帮助我们迅速掌握数据的分布特征和集中趋势。通过观察直方图中条形的高度和宽度，我们可以直观地判断出数据在不同区间内的频数分布情况，从而对数据的偏态、峰态等形状特征有一个清晰的认识。散点图则是探索两个连续变量之间关系的有力工具。在散点图中，每一个点都代表了数据集中的一对观察值，点的位置则反映了这两个变量之间的对应关系。通过观察散点图中点的分布形态、密集程度和趋势线，我们可以初步判断两个变量之间是否存在线性关系、非线性关系或是完全无关。除了图表展示外，计算相关性系数也是探索性分析中不可或缺的一部分。相关性系数是一种量化指标，用于衡量两个变量之间线性关系的强度和方向。在数据分析中，我们常常使用皮尔逊相关系数来衡量两个连续变量之间的线性相关性。该系数的取值范围在 -1 ～ 1，其中正值表示正相关，负值表示负相关，绝对值越大表示相关性越强。通过计算相关性系数，我们可以更加精确地了解变量之间的关系，并为后续的回归分析、预测模型等提供重要的输入。在探索性分析的过程中，我们还需要关注数据中的异常值和缺失值。这些特殊情况可能会对分析结果产生重大影响，甚至导致误导性的结论。

因此，在绘制图表和计算相关性系数之前，对数据进行适当的预处理和清洗是至关重要的。对于异常值，我们可以采用剔除、替换或重新分类等方法进行处理；对于缺失值，则可以根据具体情况选择填充、插值或删除等方法进行处理。探索性分析不仅仅局限于初步的数据探查和关系识别。随着分析的深入，我们可能会发现更多的变量之间的关系和复杂的模式。这些发现可能会引导我们进一步调整分析策略、提出新的假设或构建更复杂的模型来解释和预测数据。因此，探索性分析是一个迭代和持续的过程，需要分析师保持敏锐的洞察力和不断的学习精神。

（三）建模预测

建模预测，作为现代数据分析与人工智能的交汇点，是众多领域从海量数据中提炼有价值信息、洞察未来趋势的关键技术。它利用机器学习算法的强大计算能力和模式识别功能，从历史数据中学习潜在规律，构建出一个可以对新数据进行预测或分类的模型。这种技术在商业决策、医疗健康、金融风控、自然语言处理等领域都有广泛应用。在建模预测的过程中，选择合适的机器学习算法是至关重要的一步。不同的算法有不同的适用场景和优缺点，因此需要根据实际问题的特点和需求进行选择。例如，线性回归是一种简单而强大的预测算法，它通过建立自变量与因变量之间的线性关系来预测未来的结果。这种算法适用于那些自变量与因变量之间存在明显线性关系的情况，如房价预测、销售额预测等。而决策树则是一种易于理解和实现的分类算法，它通过构建一棵树形结构来对数据进行分类。决策树适用于处理离散型数据和非线性关系，如客户分类、故障诊断等。

除了算法选择外，数据预处理也是建模预测中不可忽视的一环。原始数据中往往存在缺失值、异常值、重复值等问题，这些问题如果不进行处理，就会对模型的准确性和稳定性产生不良影响。因此，在建模之前，需要对数据进行清洗、转换和标准化等操作，以确保数据的质量和一致性。同时，还需要对数据进行特征工程和特征选择，以提取出对模型预测最有帮助的特征。在模型构建完成后，还需要对模型进行评估和优化。评估指标可以根据实际问题的不同而选择，如准确率、召回率、F1 值、均方误差等。通过评估指标的比较和分析，我们可以了解模型的性能表现和优缺点，进而对模型进行优化和改进。优化方法包括调整模型参数、增加训练数据、引入新的特征等。同时，还需要注意模型的过拟合和欠拟合问题，以避免模型在训练数据上表现良好，但在新数据上泛化能力较差的情况。建模预测不仅仅是一个技术过程，更是一个需要不断学习和探索的过程。随着数据的不断变化和技术的不断发展，我们需要不断更新和优化模型，以适应新的情况和需求。同时，我们还需要保持对数据的敬畏之心和对算法的深入理解，以避免陷入数据误导和算法陷阱。

五、数据可视化

通过数据可视化，我们可以将原本枯燥、难以理解的数据转化为直观、生动的图形或图像，使数据之间的关系、分布和趋势一目了然。这种视觉化的表达方式不仅大大降低了数据理解的难度，还极大地提高了我们分析数据的效率和准确性。无论是在商业决策、市场营销、医疗健康、科研教育等领域，数据可视化都发挥着越来越重要的作用。在进行数据可视化时，选择合适的图表类型是关键。不同的图表类型有不同的表达方式和适用场景。例如，柱状图适合展示不同类别之间的数量对比，折线图则更适合展示数据随时间的变化趋势，而饼图则常用于展示数据的占比情况。因此，在选择图表类型时，我们需要根据数据的性质和分析目的进行综合考虑，选择最能直观、清晰地表达数据信息的图表类型。除了图表类型外，颜色搭配和标签设置也是数据可视化中需要注意的重要因素。颜色在视觉上有很强的冲击力，合理的颜色搭配可以使图表更加醒目、易于区分。同时，颜色也可以用来表示数据的不同维度或属性，增加图表的信息量。在标签设置方面，我们需要确保每个数据点都有明确的标签说明，以便观众能够快速理解图表所表达的信息。

此外，标签的字体大小、颜色等也需要根据图表的整体风格进行调整，以保证图表的清晰度和易读性。在实际应用中，数据可视化工具的选择也是非常重要的。Excel 作为一款普及度极高的办公软件，其内置的图表功能可以满足一般的数据可视化需求。但对于更复杂、更专业的数据分析任务，我们可能需要借助更强大的可视化工具。Tableau 是一款功能强大的数据可视化软件，它提供了丰富的图表类型和交互功能，可以帮助我们创建出更加生动、直观的数据可视化作品。而 Python 的 matplotlib 和 seaborn 等库则为数据科学家和开发者提供了灵活的编程接口和丰富的可视化选项，使他们能够根据自己的需求定制出高度个性化的数据可视化方案。

第三节　数据质量控制与标准化

一、数据质量控制

（一）数据准确性控制

1. 数据准确性的重要性及其挑战

在信息时代，数据已经渗透到社会生活的每一个角落，成为决策、研究、开发等各个领域的基石。然而，随着数据量的爆炸式增长，数据质量问题也日益凸显。其中，数据准确性无疑是数据质量控制的核心。准确的数据能够真实反映实际情况，为决策提供有力支持；而错误的数据则可能导致决策失误，甚至带来灾难性的后果。在实际操作中，确保数据准确性面临着诸多挑战。首先，数据采集过程中可能存在误差。例如，人为录入错误、设备故障、网络传输问题等都可能导致数据失真。其次，数据处理过程中也可能引入错误。比如，数据清洗不彻底、转换格式错误等都可能影响数据的准确性。最后，数据存储和传输过程中也可能发生数据丢失或损坏，进一步威胁数据的准确性。

2. 确保数据准确性的关键措施

制订详细的数据采集规范，明确采集目的、范围、方法等，确保采集到的数据全面、准确。同时，对采集人员进行专业培训，提高他们的业务素质和技能水平，减少人为误差。建立严格的数据录入流程，采用双人录入、校验等方式，确保数据录入的准确性。此外，还可以利用技术手段，如光学字符识别（OCR）等辅助录入，提高录入效率和准确性。建立多级数据审核机制，从数据录入到最终使用，每个环节都进行严格的审核和把关。通过人工审核和技术审核相结合的方式，及时发现并纠正数据错误。同时，建立错误反馈机制，对审核中发现的问题进行记录和分析，为后续改进提供依据。

利用数据校验技术，如范围校验、格式校验、逻辑校验等，对数据进行实时监控。当数据超出预设范围或格式不符合要求时，系统自动提示错误并阻止数据录入。这样可以及时发现并纠正数据错误，确保数据的准确性。通过逻辑判断技术，对数据之间的关联性和一致性进行检查。例如，利用数据挖掘和机器学习算法，发现数据中的异常值、矛盾信息等，为数据清洗和纠错提供依据。同时，还可以利用业务规则进行逻辑判断，确保数据符合实际业务场景。定期对数据进行复核和验证是确保数据准确性的重要手段。通过定期抽取样本数据进行复核，可以检查数据采集、录入和审核机制的执行情况，及时发现潜在的数据质量问题。同时，对复核中发现的问题进行整改和优化，不断完善数据质量控制体系。

（二）数据完整性控制

1. 数据采集阶段的完整性保障

在进行数据采集之前，必须明确采集的目标和范围，确保所有关键信息都被纳入采集计划。通过制订详细的采集规范和要求，确保采集人员能够准确、全面地记录所需信息。根据数据采集的具体需求，选择合适的采集方法和工具。例如，对于大规模的数据采集，可以采用自动化采集工具或爬虫技术；对于特定领域的数据采集，可以定制专门的采集系统或问卷。通过采用合适的采集方法和工具，可以提高采集效率和准确性，确保数据的完整性。采集人员的素质和能力直接影响数据采集的质量。因此，需要对采集人员进行专业地培训，增强他们的数据采集技能和意识。同时，建立完善的采集人员管理机制，明确他们的职责和要求，确保他们能够按照规范进行数据采集工作。在数据采集完成后，需要对采集到的数据进行验证和校对。通过与其他数据源进行比对、逻辑判断、异常值检测等手段，确保数据的准确性和完整性。对于发现的问题和错误，需要及时进行纠正和补充，确保数据的无缺失性。

2. 数据传输、存储及恢复机制的完整性保障

在数据传输过程中，采用加密技术可以有效防止数据被非法截获或篡改。通过使用强加密算法和密钥管理机制，确保数据在传输过程中的安全性和完整性。同时，对于存储的数据也需要进行加密处理，防止未经授权的访问和泄露。为了防止数据丢失或损坏，需要制订完善的备份策略。通过定期备份、增量备份、差异备份等手段，确保数据的安全性和可恢复性。同时，对于备份数据也需要进行严格地存储和管理，防止备份数据被篡改或丢失。当数据发生丢失或损坏时，需要及时进行数据恢复操作。为了保障数据恢复的及时性和有效性，需要建立完善的数据恢复机制。包括明确恢复流程、指定恢复人员、准备恢复所需的硬件和软件资源等。同时，还需要定期进行恢复演练和培训，提高恢复人员的应急处理能力和技术水平。存储设备是数据存储的载体，其稳定性和可靠性直接影响数据的完整性。因此，需要对存储设备进行定期的维护和管理。包括检查设备的运行状态、更新设备的固件和驱动程序、及时处理设备故障等。通过加强存储设备的维护和管理，可以提高设备的稳定性和可靠性，从而保障数据的完整性。

（三）数据一致性控制

1. 制订统一的数据标准和规范

数据一致性是指在不同时间、不同地点获取的数据应具有相同的含义和格式。在信息时代，数据已经成为企业、政府乃至整个社会运转的基础。然而，由于数据来源的多样性、数据格式的差异性以及数据处理方式的复杂性，数据不一致问题日益凸显。为了解决这一问题，制订统一的数据标准和规范显得尤为重要。统一的数据标准和规范有助于消除数据歧义。在缺乏统一标准的情况下，同一数据可能因不同系统、不同部门的解释和处理方式不同而产生歧义。例如，对于“用户年龄”这一数据，有的系统可能以周岁计算，而有的系统可能以出生年月表示。这种差异可能导致数据分析结果的不准确甚至误导。通过制订统一的数据标准和规范，可以明确数据的定义、分类、编码等要求，确保数据在全局范围内具有相同的含义和格式。统一的数据标准和规范有助于提高数据质量。在数据采集、传输、存储和处理过程中，难免会出现数据错误、数据丢失等问题。这些问题不仅影响数据的准确性和可靠性，还可能对后续的数据分析和决策产生不良影响。通过制订统一的标准和规范，可以规范数据采集、传输、存储和处理流程，减少数据错误和数据丢失的可能性，从而提高数据质量。统一的数据标准和规范有助于促进数据共享与交换。在跨部门、跨系统的数据共享与交换过程中，如果各方遵循不同的数据标准和规范，将导致数据无法有效对接和整合。这不仅影响数据共享与交换的效率，还可能因数据不匹配而导致决策失误。通过制订统一的数据标准和规范，可以确保各方在数据共享与交换过程中遵循相同的规则和要求，实现数据的无缝对接和整合。

2. 建立数据共享平台，确保全局范围内的一致性

为了进一步实现数据一致性，除了制订统一的数据标准和规范外，还需要建立数据共享平台。数据共享平台是一个集成了数据采集、传输、存储、处理和分析等功能的综合性平台，旨在促进各部门、各系统之间的数据交换与共享。数据共享平台有助于打破信息孤岛。在传统的信息管理模式下，各部门、各系统往往各自为政，形成一个个信息孤岛。这些孤岛之间缺乏有效的信息沟通和数据交换，导致数据不一致问题严重。通过建立数据共享平台，可以将各部门、各系统的数据整合到一个统一的平台上，实现数据的集中管理和共享利用。这样不仅可以消除信息孤岛现象，还可以提高数据的可用性和价值。数据共享平台有助于确保数据在全局范围内的一致性。通过数据共享平台，各部门、各系统可以实时获取和更新平台上的数据，确保数据的准确性和时效性。同时，平台还可以提供数据校验和比对功能，及时发现和纠正数据不一致问题。这样可以确保数据在全局范围内的一致性，为企业的决策和运营提供可靠的数据支持。数据共享平台还有助于提高数据处理和分析的效率。在传统的数据处理和分析模式下，各部门、各系统往往需要花费大量时间和精力进行数据清洗、转换和整合等工作。这不仅影响工作效率，还可能因数据处理不当而导致分析结果的不准确。通过数据共享平台，可以实现数据的自动化处理和分析，大大提高了工作效率和准确性。同时，平台还可以提供丰富的数据分析工具和功能，帮助用户深入挖掘数据价值，为企业的决策和运营提供更多有价值的信息。

（四）数据安全性控制

1. 建立完善的数据安全管理体系

在数字化时代，数据已经成为企业、机构乃至国家的核心资产。随着信息技术的飞速发展，数据的产生、传输、存储和处理日益频繁，数据安全性问题也日益凸显。非法访问、恶意篡改、数据泄露等事件时有发生，给企业和个人带来巨大损失。因此，建立完善的数据安全管理体系，提升数据安全性，已成为当务之急。访问控制是数据安全管理体系的核心组成部分。通过实施严格的访问控制策略，可以确保只有经过授权的用户才能访问敏感数据。这包括身份认证、权限分配、访问监控等环节。身份认证是确认用户身份的过程，可以采用用户名密码、动态令牌、生物识别等多种方式。权限分配是根据用户的职责和需求，为其分配相应的数据访问权限。访问监控则是对用户的访问行为进行实时监控和记录，以便及时发现异常行为并采取相应措施。加密传输是保障数据在传输过程中安全性的重要手段。在网络通信中，数据往往需要在不同的物理位置之间进行传输。如果传输过程中未采取加密措施，数据很容易被截获并窃取。因此，对于重要数据的传输，应采用强加密算法进行加密处理，确保即使数据被截获，也无法获取其中的内容。同时，还需要对传输的数据进行完整性校验，以防止数据在传输过程中被篡改。安全审计是数据安全管理体系的重要环节之一，它是对整个数据安全策略执行情况的检查和评估。通过定期或不定期的安全审计，可以发现潜在的安全隐患和风险，并及时采取整改措施。安全审计的内容包括对数据访问记录、权限分配情况、系统配置等多个方面的检查。同时，还需要对审计结果进行详细地记录和分析，以便为后续的安全策略调整提供依据。

2. 加强员工的数据安全意识培训

人是信息安全中最薄弱的环节。无论技术多么先进，如果员工缺乏基本的数据安全意识，那么整个数据安全体系都将形同虚设。因此，加强员工的数据安全意识培训，提高他们对数据安全的重视程度，是提升数据安全性的关键。企业需要定期开展数据安全知识培训活动。通过讲解数据安全的基本概念、常见威胁及防范措施等内容，帮助员工建立正确的数据安全观念。同时，还可以结合实际案例进行分析和讨论，加深员工对数据安全问题的认识和理解。企业需要制订详细的数据安全操作规范并严格执行。员工在日常工作中必须严格遵守规范操作数据，不得随意泄露、篡改或滥用数据。对于违反规范的行为，应给予相应的惩罚和警示。此外，企业还可以建立数据安全奖惩机制，鼓励员工积极参与数据安全保护工作。对于在数据安全方面表现突出的员工，可以给予物质或精神奖励；对于故意违反数据安全规定的员工，则应给予严厉的惩罚。企业需要持续关注数据安全领域的新技术、新动态和新威胁，并及时调整和完善数据安全策略。同时，还需要加强与外部专业机构、行业协会等的合作与交流，共同应对日益严峻的数据安全挑战。

二、数据标准化

（一）制订数据标准

1. 制订统一的数据标准

在数字化时代，数据已经成为企业运营、决策和创新的基础资源。为了实现数据的高效利用和有效管理，数据标准化显得尤为重要。数据标准化首先需要制订统一的数据标准，这些标准涉及数据格式、数据单位、数据命名规则等多个方面，是确保数据质量、提升数据管理效率的基础。数据格式标准规定了数据的存储和表示方式。不同的数据格式可能导致数据在读取、处理和分析过程中产生歧义或错误。因此，制订统一的数据格式标准至关重要。这些标准应明确数据的类型、长度、精度等要素，确保数据在各个环节中的一致性和准确性。数据单位标准则解决了数据计量和比较的问题。在不同的业务场景和系统中，数据单位可能存在差异。这种差异不仅影响数据的可读性和易用性，还可能导致数据分析结果的偏差。因此，需要制订统一的数据单位标准，实现数据的无缝对接和整合。这些标准应涵盖各种常见的计量单位，如长度、重量、时间等，并明确单位之间的换算关系。数据命名规则标准有助于提升数据的可识别性和可管理性。在庞大的数据环境中，如何快速准确地定位和理解数据是一项重要挑战。通过制订统一的数据命名规则，可以为数据赋予清晰、明确的标识符，降低数据理解和管理的难度。这些规则应简洁明了、易于记忆和扩展，并能够准确反映数据的内容和特征。

2. 确保数据标准的可扩展性和可修改性

业务发展和变化是不可避免的，因此数据标准应具有可扩展性和可修改性。可扩展性意味着数据标准能够适应未来业务增长和数据规模扩大的需求。在制订数据标准时，应充分考虑未来可能出现的新数据类型、新业务场景等因素，为标准的扩展预留空间。这样，当新业务或新数据出现时，可以在不破坏现有标准的基础上，轻松地将其纳入标准体系。可修改性则要求数据标准能够灵活应对业务变化带来的挑战。随着市场环境的不断变化和业务模式的创新，原有的数据标准可能不再适用。因此，需要建立一种机制，允许对现有的数据标准进行修订和更新。这种修订和更新应遵循一定的流程和规范，确保修改后的标准仍然保持统一性和一致性，并能够与现有的数据环境相兼容。为了实现数据标准的可扩展性和可修改性，还需要建立一套完善的数据标准管理体系。该体系应包括标准的制订、审批、发布、修订和废止等环节，明确各个环节的职责和权限，确保数据标准的制订和实施过程规范、透明和高效。同时，还需要加强对数据标准的宣传和培训，提高员工对数据标准化的认识和重视程度，为数据标准化的顺利实施奠定坚实的基础。

（二）数据清洗与转换

1. 数据清洗：提升数据质量的必经之路

在数据标准化过程中，数据清洗是一个不可或缺的环节。原始数据中往往存在大量的重复、缺失和错误数据，这些问题会严重影响数据的质量和分析结果的准确性。因此，进行数据清洗是提升数据质量、确保数据分析有效性的关键步骤。重复数据是数据清洗中需要解决的一个常见问题。在数据采集和存储过程中，由于各种原因，可能会导致大量重复数据的产生。这些重复数据不仅占用存储空间，还会影响数据分析的效率和准确性。因此，在数据清洗过程中，需要通过去重操作，将重复数据去除，确保数据的唯一性和准确性。处理缺失值也是数据清洗中的一项重要任务。在原始数据中，某些字段的值可能会因为各种原因而缺失。这些缺失值会对数据分析产生不良影响，如导致分析结果偏差、影响模型的训练等。因此，需要对缺失值进行处理，如通过填充缺失值、删除缺失值所在行或列等方式，确保数据的完整性和可用性。纠正错误数据也是数据清洗中不可忽视的一环。错误数据可能是由于数据采集、传输或存储过程中的错误而产生的。这些错误数据会对数据分析产生误导，甚至导致分析结果完全错误。因此，在数据清洗过程中，需要通过数据校验、异常值检测等手段，发现并纠正错误数据，确保数据的准确性和可靠性。

2. 数据转换：适应数据标准的关键步骤

数据转换是数据标准化过程中的另一个重要环节。原始数据往往不符合数据标准的要求，如格式不一致、单位不统一等。这些问题会严重影响数据的可用性和可分析性。因此，进行数据转换是使原始数据符合数据标准要求、便于后续数据分析和挖掘的关键步骤。数据格式的转换是数据转换中的一个重要方面。不同的数据源可能采用不同的数据格式进行存储和表示，如文本、数字、日期等。在进行数据分析时，需要将这些不同格式的数据转换为统一的格式，以便进行统一的处理和分析。例如，将日期格式转换为统一的年月日格式，将文本格式转换为数字格式等。通过数据格式的转换，可以消除数据格式不一致带来的问题，提高数据分析的效率和准确性。数据单位的统一也是数据转换中需要解决的一个问题。在原始数据中，不同的字段可能采用不同的单位进行计量，如米、厘米、千克、克等。这种单位不统一的情况会给数据分析带来很大的困扰，如无法直接进行比较和运算等。因此，在数据转换过程中，需要将不同单位的数据转换为统一的单位，如将所有长度单位统一为米，将所有重量单位统一为千克等。通过数据单位的统一，可以消除单位不一致带来的问题，提高数据分析的便利性和准确性。

（三）数据验证与测试

1. 验证数据标准化结果的准确性和完整性

数据标准化是数据处理流程中的关键环节，旨在将不同来源、不同格式、不同单位的数据统一转换为标准格式，以便进行后续的数据分析和挖掘。然而，在数据标准化过程中可能会出现误差或遗漏，导致标准化后的数据质量下降，甚至影响数据分析结果的准确性。因此，在数据标准化完成后，必须对标准化后的数据进行验证，以确保数据转换的准确性和完整性。这包括检查数据的类型、格式、单位等是否按照预期进行了转换，以及转换后的数据是否与原始数据保持一致。例如，对于数值型数据，需要验证转换后的数值是否与原始数值相等；对于日期型数据，需要验证转换后的日期格式是否正确，以及日期值是否与原始日期值对应。通过准确性验证，可以及时发现并纠正数据转换过程中的错误，确保数据的准确性。这包括检查原始数据中的所有字段是否都进行了转换，以及转换后的数据中是否包含了所有必要的信息。例如，在将多个数据源的数据进行合并时，需要验证合并后的数据是否包含了所有数据源中的字段和信息；在将数据进行筛选或过滤时，需要验证筛选后的数据是否仍然包含了所有必要的数据行。通过完整性验证，可以确保数据的完整性，避免在后续的数据分析中出现数据缺失或遗漏的情况。

2. 测试标准化数据的实际应用性

除了验证数据标准化结果的准确性和完整性外，还需要对标准化后的数据进行实际应用测试。测试的目的是检查标准化后的数据是否符合实际需求，以便及时进行调整和优化。在测试过程中，可以将标准化后的数据应用于实际的数据分析场景中，观察其表现和效果。例如，可以使用标准化后的数据进行数据可视化、数据建模、数据挖掘等操作，检查是否能够正常进行并取得预期的结果。通过实际应用测试，可以发现标准化后的数据可能存在的问题和不足之处，如数据异常、数据分布不合理、数据关联度不高等。针对测试中发现的问题，需要及时进行调整和优化。这可能涉及对数据标准化流程的改进、对数据转换规则的调整、对数据清洗策略的优化等方面。通过不断地测试和调整，可以逐步完善数据标准化的流程和方法，提高标准化后数据的质量和实际应用性。

（四）数据标准化的持续改进

1. 数据标准化的持续改进与优化

数据标准化并非一次性的任务，而是一个持续的过程。随着企业业务的不断发展和市场环境的不断变化，原有的数据标准可能逐渐无法满足新的业务需求。这就要求我们不断对数据标准进行评估和修订，确保其始终与业务需求保持同步。在实际应用中，定期评估数据标准的适用性和有效性是至关重要的。这可以通过收集用户反馈、分析数据使用情况和业务需求变化等多种方式来实现。评估的结果将为数据标准的修订提供有力的依据。在修订数据标准时，应充分考虑新的业务需求、技术发展以及行业最佳实践等因素，确保修订后的数据标准既具有前瞻性，又能满足当前的业务需求。除了评估和修订数据标准外，还需要对数据标准化流程本身进行持续改进。这包括优化数据清洗、转换和验证等环节的方法和技术，提高数据标准化的效率和准确性。同时，应关注新技术和新方法的发展动态，及时将其引入数据标准化流程中，以提升数据标准化的整体水平。

2. 员工培训与指导在数据标准化中的重要性

员工是数据标准化的主要执行者，他们的认识和执行能力直接影响到数据标准化的效果。因此，加强对员工的培训和指导是提升数据标准化水平的关键措施之一。需要提高员工对数据标准化的认识。通过培训和教育，使员工深刻理解数据标准化的重要性及其在企业运营和决策中的作用。同时，应帮助员工树立正确的数据意识，明确数据质量对于业务发展的重要性，从而激发他们参与数据标准化工作的积极性和主动性。应针对不同岗位和角色的员工制订相应的培训计划。对于数据分析师、数据科学家等专业人员，应重点提升他们在数据清洗、转换和验证等方面的技能水平；对于业务人员和管理人员，则应注重培养他们的数据思维和数据应用能力，以便更好地利用标准化后的数据进行业务决策和管理创新。需要建立完善的员工指导和支持体系。在数据标准化过程中，员工可能会遇到各种问题和挑战。为了帮助员工及时解决问题并提升技能水平，企业应建立专门的指导团队或支持平台，为员工提供实时的指导和帮助。同时，应鼓励员工之间进行经验分享和交流学习，形成良好的互动和学习氛围。

第五章　数字化评估模型构建与应用

第一节　评估模型的构建方法与步骤

一、明确评估目标和问题

（一）了解项目或决策的背景

在明确评估目标和问题之前，我们首先需要深入了解项目或决策的背景。这包括了解项目或决策的起因、发展历程、当前状态以及所涉及的相关方。通过深入了解背景信息，我们可以更好地理解项目或决策的本质，从而为后续的评估模型构建提供坚实的基础。了解背景信息还有助于我们识别项目或决策中的关键因素和潜在风险。这些因素和风险可能对评估结果产生重大影响，因此在构建评估模型时需要予以充分考虑。通过提前识别并处理这些因素和风险，我们可以提高评估模型的准确性和可靠性。

（二）明确评估目的

明确评估目的是构建评估模型的核心任务之一。评估目的决定了我们希望通过模型获得什么样的信息或结果，以及这些信息或结果将如何被使用。不同的评估目的可能需要不同的模型设计和数据收集方法。例如，如果我们的评估目的是了解项目或决策的可行性，那么我们需要构建一个能够全面分析项目或决策各方面因素的模型，并收集相关的数据和信息以支持分析。而如果我们的评估目的是比较不同方案之间的优劣，那么我们需要构建一个能够量化各方案性能指标的模型，并收集相应的数据进行比较。

（三）关注重点问题

在明确评估目标和问题时，我们还需要关注那些对项目或决策结果具有重要影响的关键问题。这些问题可能是技术上的难点、市场上的竞争态势、政策上的限制等。通过关注这些重点问题，我们可以确保评估模型能够针对项目或决策的核心要素进行深入分析，从而提供更有价值的评估结果。关注重点问题还有助于我们在构建评估模型时进行合理的简化和抽象。由于实际项目或决策往往涉及众多复杂因素，如果试图在模型中考虑所有因素，不仅会增加模型的复杂性，还可能降低模型的实用性和准确性。因此，通过关注重点问题，我们可以筛选出那些对项目或决策结果具有决定性影响的因素，从而构建一个既简洁又实用的评估模型。

（四）确保模型紧密围绕实际需求

明确评估目标和核心问题的最终目的是确保评估模型能够紧密围绕实际需求进行设计。通过深入了解项目或决策的背景、明确评估目的以及关注重点问题，我们可以确保模型在构建过程中始终围绕实际需求进行展开，避免偏离主题或产生不必要的复杂性。这不仅可以提高评估模型的实用性和准确性，还有助于节省时间和资源。因为只有当模型紧密围绕实际需求进行设计时，我们才能确保所收集的数据和信息都是与评估目的密切相关的，从而避免在数据处理和分析过程中浪费时间和资源。此外，紧密围绕实际需求构建评估模型还有助于提高决策的效率和质量。因为当模型能够准确地反映项目或决策的实际需求时，我们可以更快地获得有价值的评估结果，从而为决策提供更有力的支持。同时，由于模型考虑了项目或决策中的关键因素和潜在风险，我们还可以更全面地了解项目或决策的优缺点，从而作出更明智的决策。

二、收集和分析数据

（一）数据收集的重要性与多样性

数据收集是评估模型构建的首要环节。没有充分、准确的数据支持，任何模型都难以得出可靠的结论。数据不仅为我们提供了项目或决策的背景信息，还帮助我们了解相关变量之间的关系以及潜在的趋势和模式。在收集数据时，我们需要从多种来源获取相关信息。市场调研是了解消费者需求、市场趋势和竞争对手情况的重要途径。通过问卷调查、访谈和观察等手段，我们可以收集到大量关于市场的一手数据。此外，历史记录也是宝贵的数据来源。通过分析过去的数据，我们可以发现某些规律或模式，从而为未来的预测和决策提供依据。除了市场调研和历史记录外，专家意见也是不可忽视的数据来源。专家凭借其丰富的经验和专业知识，往往能为我们提供独特的见解和判断。通过与专家交流或邀请他们参与评估过程，我们可以获得更深入的行业洞察和更全面的数据支持。

（二）确保数据的准确性、完整性和时效性

在收集数据的过程中，我们必须始终关注数据的准确性、完整性和时效性。准确性是指数据必须真实可靠，能够准确反映实际情况。为了达到这一目的，我们需要采用科学有效的数据收集方法，并尽可能避免人为误差和偏见的影响。完整性则要求我们所收集的数据必须全面覆盖评估所需的所有方面和变量。任何遗漏都可能导致评估结果的失真或偏差。最后，时效性强调数据必须是最新的、与当前情况相符的。过时的数据可能无法反映最新的市场趋势或技术发展，因此其价值会大打折扣。为了确保数据的准确性、完整性和时效性，我们需要采取一系列措施。首先，制订详细的数据收集计划，明确数据来源、收集方法和时间表等关键要素。其次，建立严格的数据审核机制，对所有收集到的数据进行仔细检查和核对，确保其准确性和完整性。最后，定期更新和维护数据库，确保数据的时效性和可用性。

（三）数据预处理与分析：提取有用信息和特征

收集到原始数据后，我们还需要进行预处理和分析工作，以提取有用的信息和特征。预处理主要包括数据清洗、转换和标准化等步骤。数据清洗的目的是消除异常值、缺失值和重复值等干扰因素，使数据更加干净、整洁。转换则是将数据从原始格式转换为适合模型输入的格式。例如，我们可能需要将文本数据转换为数值数据或将分类变量转换为虚拟变量等。标准化则是为了消除不同变量之间的量纲差异，使它们具有可比性。在完成预处理后，我们可以对数据进行初步的分析和探索。这包括描述性统计分析、相关性分析和可视化展示等。描述性统

计分析可以帮助我们了解数据的分布特征、中心趋势和离散程度等基本信息。相关性分析则可以揭示不同变量之间的关系以及它们对评估目标的影响程度。可视化展示则是将数据以图表或图像的形式呈现出来，帮助我们更直观地理解数据和发现潜在的规律或模式。通过数据预处理和分析工作，我们可以提取出大量有用的信息和特征，为后续的模型构建提供有力支持。这些信息和特征不仅帮助我们了解项目或决策的背景和现状，还为我们预测未来趋势和制订有效策略提供了重要依据。

三、选择适当的评估方法和技术

（一）评估方法的分类与选择

评估方法可以大致分为定量分析方法和定性分析方法两大类。定量分析方法主要依赖于数学和统计学原理，通过收集和分析大量数据来得出结论。常见的定量分析方法包括统计分析、预测模型、决策树分析等。这些方法具有客观性和可重复性的优点，能够提供精确的数据支持，然而，也存在一定的局限性，如对数据质量和数量的要求较高，且可能无法涵盖所有相关因素。与定量分析方法相比，定性分析方法则更侧重于对事物的本质和内在逻辑进行深入探究。常见的定性分析方法包括专家打分、SWOT 分析、案例研究等。这些方法能够揭示事物的内在规律和关联性，提供更为全面和深入的见解。但是，定性方法也存在主观性较强、难以量化等缺点。在选择评估方法时，研究者需要根据评估目标和问题的具体要求进行权衡。如果评估目标侧重于量化分析、精确预测或大规模数据处理，那么定量分析方法可能更为适合；而如果评估目标更强调对事物内在逻辑和深层次因素的理解，那么定性分析方法可能更为恰当。

（二）考虑方法的适用性、可行性和结果解释性

在选择评估方法时，我们还需要考虑方法的适用性、可行性和结果解释性。适用性是指所选方法是否能够有效地解决评估问题并达到预期目标。不同的问题和目标可能需要不同的方法和技术，因此我们需要确保所选方法与评估需求相匹配。可行性则是指所选方法在实际操作中是否可行，包括数据可获取性、资源投入、时间限制等因素。我们需要确保所选方法在实际操作中能够得到有效实施并取得可靠结果。结果解释性则是指所选方法得出的结果是否易于理解和解释。一个优秀的评估方法应能够产生直观、易懂的结果，便于决策者理解和应用。为了确保评估方法的有效性和可靠性，我们有时需要结合多种方法和技术进行综合评估。通过结合定量分析和定性分析的优势，我们可以更全面地了解评估对象，减少单一方法可能带来的偏差和局限性。例如，我们可以先通过定量分析方法对数据进行初步处理和分析，揭示数据之间的关联性和趋势；然后再通过定性分析方法对结果进行深入解读和讨论，挖掘数据背后的内在逻辑和深层次因素。

（三）综合评估的实践与应用

在实际应用中，综合评估方法已经得到了广泛应用。例如，在企业战略决策中，决策者可以利用定量分析方法对市场趋势、竞争对手实力等进行量化评估；同时结合定性分析方法对企业内部资源、核心竞争力等进行深入剖析。通过综合两种方法的结果，决策者可以制订出更为全面和有效的战略决策方案。除了企业战略决策外，综合评估方法还可以应用于许多其他领域。例如，在环境评估中，我们可以结合定量分析方法对环境污染

程度进行量化评估；同时利用定性分析方法对环境污染的来源、影响等进行深入探讨。通过综合两种方法的结果，我们可以制订出更为科学和有效的环境保护措施。

四、构建评估模型

（一）定义模型的输入和输出

构建评估模型的首要任务是清晰地定义模型的输入和输出。输入是指用于驱动模型的数据和信息，它们可以来自市场调研、历史记录、专家意见等多种渠道。为了确保输入的有效性和可靠性，我们需要对数据进行预处理，包括清洗、转换和标准化等步骤，以消除异常值、缺失值和量纲差异等问题。同时，我们还需要考虑数据的时效性和动态性，确保模型能够及时反映最新的市场趋势和变化。输出则是模型产生的结果或预测，它们应直接关联到评估目标和问题。输出的形式可以是数值、分类、排名或趋势等，具体取决于评估的具体需求和目的。为了确保输出的准确性和实用性，我们需要对模型进行反复地训练和测试，不断调整和优化模型的参数和结构。

（二）选择合适的数学模型或算法

选择合适的数学模型或算法是构建评估模型的关键环节。不同的模型或算法具有不同的优势和局限性，适用于不同类型的数据和问题。常见的数学模型或算法包括回归分析、决策树、神经网络、随机森林、支持向量机等。回归分析适用于探究变量之间的关系和趋势，特别是线性关系；决策树则适用于分类和预测问题，具有直观易懂的优点；神经网络则能够处理复杂的非线性关系和大规模数据，但需要大量的训练时间和计算资源。在选择模型或算法时，我们需要考虑数据的特征、评估目标的复杂性以及可用的计算资源等因素。

（三）设置模型的参数和约束条件

设置模型的参数和约束条件是确保模型准确性和可靠性的重要步骤。参数是指模型中的可变部分，它们通过训练过程进行调整和优化，以最小化预测误差或最大化分类准确性。约束条件则是对模型行为和输出的限制，它们可以确保模型在合理范围内进行预测和分类，避免过度拟合或欠拟合等问题。在设置参数和约束条件时，我们需要考虑模型的稳定性、可解释性和计算效率等因素。稳定性要求模型在不同的训练和测试集上表现一致；可解释性要求模型的输出易于理解和解释；计算效率则要求模型能够在合理的时间内给出预测或分类结果。

（四）确保模型的逻辑性和一致性

在构建评估模型的过程中，确保模型的逻辑性和一致性至关重要。逻辑性要求模型的各个部分之间具有合理的联系和依赖关系，能够形成一个完整和自洽的逻辑体系。一致性则要求模型在不同的场景和条件下表现出一致的行为和输出，不会因为输入数据的微小变化而导致预测或分类结果的剧烈波动。为了确保模型的逻辑性和一致性，我们需要对模型进行反复地验证和测试。这包括使用不同的数据集进行交叉验证、对比不同模型或算法的性能差异，以及检查模型输出与实际结果的匹配程度等。通过这些步骤，我们可以发现模型可能存在的偏差或错误，并及时进行修正和改进。

（五）验证和测试模型的准确性和可靠性

验证和测试是评估模型构建过程中不可或缺的环节。通过验证和测试，我们可以评估模型的准确性和可靠性，确保其在实际应用中能够产生有效的结果。验证通常是在模型构建过程中进行的，它使用一部分已知结果的数据来检查模型的预测能力。这有助于我们发现模型可能存在的问题并进行调整。测试则是在模型构建完成后进行的，它使用全新的数据来评估模型的性能。这可以帮助我们确认模型在实际应用中的效果，并为我们提供改进模型的依据。在验证和测试过程中，我们需要关注模型的各种性能指标，如准确率、召回率、F1 分数等。这些指标可以帮助我们全面了解模型的性能，并为后续的模型优化提供指导。同时，我们还需要注意验证和测试过程中的数据平衡问题，确保不同类别的数据在验证和测试集中得到合理地表示，以避免模型对某些类别的偏见或忽视。

五、应用评估模型并分析结果

（一）计算模型的输出值

将评估模型应用于实际数据的首要步骤是计算模型的输出值。这一过程涉及将收集到的实际数据输入模型中，通过模型的运算和处理，得到相应的输出结果。这些结果可能是数值、分类、排名或趋势预测等，具体取决于模型的构建目标和业务需求。在计算输出值时，需要确保数据的准确性和完整性，以避免因数据问题导致的输出偏差。同时，还需要注意模型的适用性和局限性，确保模型能够在其设计范围内有效运行。如果遇到数据缺失或异常情况，应及时进行处理和调整，以确保输出结果的可靠性和有效性。

（二）生成评估报告

得到模型的输出值后，下一步是生成评估报告。评估报告是对模型输出结果的系统性总结和解释，它旨在向决策者和其他利益相关者提供清晰、简洁且易于理解的信息。报告的内容应包括评估目标、方法、数据、模型构建过程、输出结果以及结论和建议等部分。在编写评估报告时，需要遵循客观性、准确性和清晰性的原则。报告应客观反映模型的实际运行情况和输出结果，避免主观臆断和误导性陈述。同时，报告还应准确描述评估的方法和过程，以便读者理解和验证评估结果的可信度。此外，报告还应使用简洁明了的语言和图表，以便读者能够快速抓住关键信息。

（三）解读和讨论结果

生成评估报告后，需要对结果进行深入地解读和讨论。这一过程旨在理解输出结果背后的含义和逻辑，以及它们对实际业务或决策的影响。在解读和讨论结果时，需要注意结果的合理性、可信度和局限性，并结合实际情况进行解释和说明。例如，如果模型的输出结果显示某一业务领域的风险较高，那么我们需要进一步探讨这一风险的具体来源和可能的影响。这可能涉及市场环境、竞争对手、政策法规等多个方面。通过深入地解读和讨论，我们可以更全面地了解问题所在，并为后续的决策提供有力的支持。

（四）注意结果的合理性、可信度和局限性

在分析和解释评估结果时，我们需要特别注意结果的合理

性、可信度和局限性。合理性是指结果是否符合实际情况和逻辑推断；可信度则取决于数据的准确性、模型的适用性以及运算过程的可靠性；局限性则可能来源于数据的时效性、模型的简化假设以及外部环境的变化等。为了确保结果的合理性和可信度，我们需要对数据和模型进行严格的验证和测试。这包括检查数据的来源和质量、评估模型的稳定性和预测能力，以及比较不同方法或模型的结果等。同时，我们还需要保持对外部环境的敏感性和适应性，及时调整和更新评估模型和参数，以确保结果的有效性和适用性。

（五）与实际业务或决策需求相结合

评估的最终目的是为实际业务或决策提供支持和指导。因此，在分析和解释评估结果时，我们需要将其与实际业务或决策需求紧密结合起来。这意味着我们需要深入理解业务背景和目标，明确决策的需求和约束条件，以便将评估结果转化为具有针对性的建议和措施。例如，如果评估结果显示某一产品线的市场竞争力较弱，那么我们需要进一步分析其原因并提出改进措施。这可能涉及产品研发、市场营销、供应链管理等多个方面。通过与实际业务或决策需求的结合，我们可以确保评估结果的有效利用和最大化价值。

六、评估模型的优化和更新

（一）模型回顾与审查的必要性

在实际应用中，评估模型可能会面临各种挑战和变化。市场环境、客户需求、竞争对手的动态以及技术进步等因素都可能对模型的准确性和有效性产生影响。因此，定期对评估模型进行回顾和审查至关重要。回顾和审查的目的在于发现模型的潜在问题和不足，以及识别改进的机会。这包括对模型的性能进行评估，检查其是否能够达到预期的评估目标，以及验证其输出结果是否与实际情况相符。通过这一过程，我们可以及时发现模型的局限性，从而为后续的优化和更新提供方向。

（二）根据反馈调整模型参数

在模型的应用过程中，用户反馈和实际结果往往能够提供宝贵的改进信息。例如，如果模型的输出结果与用户预期存在较大偏差，或者在实际应用中发现了某些未被模型考虑的重要因素，那么就需要对模型进行相应的调整。调整模型参数是优化模型的一种常见方法。参数调整可以涉及权重分配、阈值设置、算法选择等多个方面，具体取决于模型的类型和结构。通过调整参数，我们可以使模型更好地适应实际数据，提高其预测或分类的准确性。同时，参数调整还可以帮助模型更好地处理噪声和异常值，增强其鲁棒性和泛化能力。

（三）改进算法或引入新评估指标

除了调整参数外，改进算法或引入新的评估指标也是优化模型的重要手段。随着数据科学和人工智能技术的不断发展，新的算法和评估指标层出不穷，它们往往能够提供更高效、更准确的评估方法。例如，在某些复杂场景下，传统的线性回归模型可能无法充分捕捉数据中的非线性关系。这时，我们可以考虑引入神经网络、支持向量机等更高级的机器学习算法来改进模型。同样地，在某些特定领域，如金融风险评估或医疗诊断中，可能需要引入特定的评估指标来更全面地衡量模型的性能。这些新的评估指标可以帮助我们更准确地衡量模型的实际效果，为决策提供更有力的支持。

（四）持续的数据收集与验证

评估模型的优化和更新是一个持续的过程，需要不断的数据收集与验证来支持。新的数据往往能够反映市场的最新动态和用户的真实需求，为模型的优化提供有力的依据。同时，通过对新数据的验证，我们可以评估模型在未知数据上的表现，进一步检验其泛化能力和稳定性。在数据收集方面，我们需要关注数据的来源、质量和多样性。来源广泛、质量可靠且多样性丰富的数据能够为模型提供更全面的信息，有助于提高其准确性和鲁棒性。在数据验证方面，我们可以采用交叉验证、留出验证等方法来评估模型的性能。这些方法可以帮助我们更客观地评估模型的优缺点，为后续的优化提供指导。

（五）保持与业务需求的同步

最后同样重要的是，评估模型的优化和更新需要保持与业务需求的同步。这意味着我们需要密切关注市场动态和用户需求的变化，及时调整模型的目标和策略以适应新的环境。同时，我们还需要与业务团队保持紧密沟通，确保评估模型能够真实反映业务需求和目标。例如，在市场竞争日益激烈的今天，企业可能需要更加关注客户细分和产品定位等方面的问题。这时，评估模型就需要相应地调整其目标和策略，以提供更加精准、有针对性的评估结果。通过与业务团队的紧密合作和沟通，我们可以确保评估模型始终与企业的战略目标保持一致。

第二节　评估模型的应用分析

一、数字化评估模型的概念及构成

（一）数字化评估模型概述

数字化评估模型，作为现代畜牧业的一种创新工具，正在逐步改变着传统的奶牛养殖方式，引领着行业向更加智能化、精细化的方向发展。这种模型以数据分析和算法为核心，通过收集、整合和处理奶牛养殖场的各类数据，为养殖者提供了全面、深入、细致的评估，帮助他们更加清晰地了解奶牛的生长状况、饲养环境以及生产性能。数字化评估模型的应用，使得养殖者能够摒弃传统的经验式管理方式，转而依靠科学、准确的数据来作出决策。这种转变不仅提高了决策的精准度和有效性，还降低了养殖风险，提升了奶牛养殖场的整体运营效率和经济效益。数字化评估模型通过数据分析和算法，能够深入挖掘奶牛养殖过程中的潜在问题和优化空间，为养殖者提供针对性的改进建议和优化方案。这些建议和方案既实用又可行，能够帮助养殖者解决实际问题，提升奶牛养殖的科学化、专业化水平。此外，数字化评估模型还具备灵活性和可扩展性，能够适应不同规模、不同类型的奶牛养殖场的需求。无论是大型规模化养殖场还是小型家庭农场，都可以通过应用数字化评估模型来提升管理水平和生产效益。因此，数字化评估模型在现代畜牧业中具有广泛的应用前景和巨大的发展潜力。

（二）数据采集模块的重要性与细节

1. 奶牛生长情况数据

在奶牛的生长过程中，体重的变化是最直接、最显著的生长指标之一。通过定期测量奶牛的体重，养殖者可以清晰地掌握每头奶牛的生长速度和趋势。如果某头奶牛的体重增长缓慢或停滞不前，那么很可能是营养摄入不足或存在健康问题的信号。此时，养殖者就需要及时采取措施，调整饲养方案或进行健康检查，以确保奶牛能够恢复正常的生长状态。除了体重之外，体尺数据也是评估奶牛生长状况的重要依据。体尺数据包括奶牛的体长、体高、胸围等多个方面的测量值，这些数值能够反映奶牛体型的变化和骨骼的发育情况。例如，胸围的增长可以反映奶牛胸部肌肉和骨骼的发育情况，而体高的变化则可以体现奶牛脊柱和四肢的生长状态。通过对这些体尺数据的定期测量和分析，养殖者可以更加全面地了解奶牛的生长状况，及时发现并解决潜在的问题。奶牛生长状况数据的重要性不仅仅在于对个体奶牛的评估，更在于对整个奶牛群体的管理和优化。

通过对奶牛群体的生长数据进行统计和分析，养殖者可以了解整个群体的生长水平和健康状况，从而为制订更加科学、合理的饲养管理方案提供依据。例如，如果整个奶牛群体的体重增长普遍偏低，那么很可能是饲料配方或投喂量存在问题，此时就需要对饲养方案进行调整和优化。同时，奶牛生长状况数据也是奶牛健康管理和疾病防控的重要参考。一些潜在的健康问题或疾病往往会在奶牛的生长数据上有所体现。例如，某头奶牛如果长时间体重下降或体尺增长异常，那么很可能是患有某种疾病或存在慢性营养不良等问题。通过对这些异常数据的及时发现和分析，养殖者可以迅速采取措施进行干预和治疗，从而避免疾病的扩散和恶化，保障奶牛的健康和生产性能。在现代奶牛养殖业中，奶牛生长状况数据的收集和分析已经成为一项必不可少的工作。随着科技的进步和智能化设备的普及，数据的采集和处理变得更加便捷和高效。养殖者可以通过自动化测量设备、智能化管理软件等工具，实现奶牛生长数据的实时采集、自动分析和智能预警等功能，为奶牛的健康生长和生产提供全方位的保障和支持。

2. 饲养环境数据

饲养环境数据在现代奶牛养殖中扮演着举足轻重的角色。众所周知，奶牛的生产性能和健康状况与其所处的饲养环境息息相关。一个舒适、健康的饲养环境不仅能够确保奶牛充分发挥其生产潜力，还能够有效降低疾病的发生率，从而提高整个养殖场的经济效益。在众多的饲养环境参数中，温度是最基本也是最重要的一项。奶牛是恒温动物，对温度的变化非常敏感。过高或过低的温度都会对奶牛的健康和生产性能造成不利影响。在炎热的夏季，如果饲养环境温度过高，奶牛就会出现热应激反应，导致食欲下降、产奶量减少甚至中暑死亡。而在寒冷的冬季，过低的温度则会使奶牛消耗过多的能量来维持体温，从而影响其生长速度和产奶性能。因此，通过定期采集饲养环境的温度数据，养殖者可以及时了解环境温度的变化情况，并采取相应的措施进行调整，如增加通风、降低饲养密度、使用降温或保温设备等，以确保奶牛始终处于一个适宜的温度环境中。

除了温度之外，湿度也是影响奶牛饲养环境舒适度的重要因素之一。湿度过高会使空气变得闷热潮湿，有利于病原菌的滋生和传播，从而增加奶牛患病的风险。而湿度过低则会导致空气干燥，容易使奶牛出现呼吸道疾病和皮肤干裂等问题。因此，采集饲养环境的湿度数据同样具有重要意义。养殖者可以根据湿度数据的变化情况及时调整饲养环境的湿度水平，如增加或减少通风量、使用加湿或除湿设备等，以保持饲养环境的干燥度和舒适度。噪声和有害气体浓度也是评价奶牛饲养环境质量的重要指标。噪声不仅会影响奶牛的休息和采食行为，还会导致其产生应激反应，从而降低生产性能。而有害气体浓度过高则会对奶牛的呼吸系统和健康造成直接危害。因此，对饲养环境中的噪声和有害气体浓度进行定期监测和采集数据是非常必要的。养殖者可以通过这些数据了解饲养环境的噪声和空气质量状况，并及时采取相应的措施进行改善，如减少噪声源、增加通风换气量、使用空气净化设备等，以确保奶牛能够在一个安静、清新的环境中健康成长。

3. 饲料消耗数据

饲料种类的选择直接关系到奶牛的营养摄入。不同生长阶段、不同生理状态的奶牛对营养的需求各异，因此，合理选择饲料种类至关重要。通过收集每头奶牛或每个牛群的饲料消耗数据，我们可以清晰了解到哪些饲料更受奶牛欢迎，哪些饲料的营养成分更能满足奶牛的需求。这些数据为我们调整饲料配方、优化饲养方案提供了宝贵的参考。投喂量的记录与分析有助于我们掌握奶牛的食欲变化。食欲是奶牛健康状况的直观反映，一旦奶牛出现食欲下降，很可能是健康问题的信号。通过定期记录每头奶牛或每个牛群的投喂量与剩余量，我们可以及时发现食欲异常的奶牛，进而对其进行健康检查与诊治，防止问题的恶化。同时，这些数据也能够帮助我们评估饲料的投喂量是否合理，避免浪费与不足。饲料利用率的分析是提升饲养效益的关键环节。通过对比投喂量与剩余量，我们可以计算出饲料的实际消耗量，进而分析饲料的利用率。如果利用率较低，说明有大量饲料被浪费，这不仅增加了饲养成本，还可能对环境造成污染。此时，我们就需要深入探究原因，可能是饲料配方不合理、投喂方式不当、奶牛消化能力下降等。针对这些问题，我们可以采取相应的措施进行改进，如调整饲料配方、优化投喂方式、改善奶牛消化环境等，以提升饲料的利用率和饲养效益。

此外，饲料消耗数据还能为我们提供奶牛生产性能的重要参考。通过长期跟踪记录每头奶牛或每个牛群的饲料消耗情况，我们可以发现其与产奶量、乳脂率等生产性能指标之间的关联。这些数据有助于我们更深入地了解奶牛的生产性能与饲养管理之间的关系，从而为我们制订更科学、更合理的饲养方案提供有力支持。在现代奶牛养殖中，饲料消耗数据的收集与分析已经成为一项必不可少的工作。随着信息化技术的发展，我们可以借助各种智能化设备和管理软件来实现数据的自动采集、实时分析和智能预警等功能。这将极大地提高我们处理数据的效率与准确性，使我们能够更及时地发现问题、更精准地制订策略、更有效地提升奶牛养殖的整体效益。

二、评估分析模块的作用与实现

（一）生长性能评估

在奶牛的生长过程中，各种数据（如体重、体尺、饲料消耗量等）都是评估其生长性能的关键指标。这些数据能够直接反映奶牛的生长状态，帮助养殖者判断其是否处于正常生长轨迹。通过对这些数据的定期收集和分析，我们可以对奶牛的生长速度和潜力进行准确评估。生长速度的评估是判断奶牛生长性能的重要指标之一。一般来说，生长速度快的奶牛往往具有更高的生产潜力，能够更快地达到出栏体重或产奶高峰。因此，通过分析奶牛的生长数据，我们可以了解其生长速度的变化趋势，及时发现生长迟缓或停滞的问题，并采取相应的措施加以解决。例如，对于生长速度较慢的奶牛，我们可以通过调整饲料配方、增加营养摄入量或改善饲养环境等方式来促进其生长。除了生长速度外，生长潜力的评估也是非常重要的。生长潜力是指奶牛在给定饲养条件下所能达到的最大生长性能。通过分析奶牛的生长数据，我们可以预测其在不同饲养条件下的生长潜力，从而为制订个性化的饲养方案提供依据。例如，对于具有高生长潜力的奶牛，我们可以采用高营养水平的饲养方案，以满足其快速生长的需求；而对于生长潜力较低的奶牛，我们则可以采用更为经济的饲养方案，以降低成本并提高效益。

在进行生长性能评估时，我们还需要考虑其他因素的影响。例如，品种、年龄、性别、健康状况等都会对奶牛的生长性能产生影响。因此，在进行评估时，我们需要综合考虑这些因素，以确保评估结果的准确性和可靠性。同时，我们还需要注意数据的收集和处理方式。数据的准确性和完整性对于评估结果的可信度至关重要。因此，在收集和处理数据时，我们需要采用科学的方法和先进的技术手段，以确保数据的真实性和有效性。生长性能评估的结果不仅为养殖者提供了制订个性化饲养方案的重要依据，还有助于优化整个养殖过程。通过根据评估结果调整饲养方案，我们可以使奶牛更好地发挥其生长潜力，提高生产性能和健康状况。同时，我们还可以通过对评估结果的分析和总结，发现养殖过程中存在的问题和不足，及时采取措施加以改进和完善。

（二）饲养环境评估

环境数据涵盖了温度、湿度、噪声、有害气体浓度等多个方面。这些环境因素对奶牛的生长、繁殖和生产性能有着直接而显著的影响。例如，高温高湿的环境可能导致奶牛出现热应激，进而影响其食欲和产奶量；而持续的高噪声则可能干扰奶牛的正常休息和采食行为，导致其生产性能下降。因此，在饲养环境评估中，我们首先需要对这些环境数据进行详细地采集和分析。与此同时，奶牛的生产性能数据也是评估饲养环境的重要依据。这些数据包括奶牛的产奶量、乳脂率、体重变化等，它们能够直观地反映奶牛的健康状况和生产性能。当我们将这些数据与环境数据进行关联分析时，就能够发现饲养环境中可能存在的问题及其对奶牛生产性能的具体影响。在饲养环境评估中，我们还需要关注奶牛的行为变化。奶牛的行为是其对饲养环境适应性的直接体现。

通过观察奶牛的行为模式，如采食、躺卧、社交互动等，我们能够更加深入地了解饲养环境对奶牛的影响。例如，如果奶牛长时间不躺卧休息，可能意味着饲养环境存在舒适度不足的问题；而社交互动的减少则可能暗示着饲养密度过高或空间布局不合理。基于上述分析，我们可以得出饲养环境对奶牛健康和生产的影响评估结果。这一结果将为我们提供改善饲养环境的具体建议。例如，如果评估结果显示饲养环境中存在温度过高的问题，我们可以考虑增加通风设备、改善遮阳措施以降低环境温度；如果噪声过大，我们可以采取隔音措施或调整设备运行时间以减少噪声干扰；对于有害气体浓度过高的情况，我们可以优化通风系统、加强清理工作以改善空气质量。此外，饲养环境评估还需要考虑到奶牛的个体差异。不同品种、年龄和健康状况的奶牛对饲养环境的需求和适应性可能存在差异。因此，在制订改善建议时，我们需要充分考虑到这些个体差异，以确保改善措施的有效性和针对性。

（三）饲料效率评估

在奶牛养殖中，饲料成本占据了相当大的比重，因此提高饲料利用效率对于降低养殖成本、提升经济效益具有重要意义。而要实现这一目标，首先需要对饲料消耗与奶牛产奶量之间的关系有一个清晰的认识。通过收集和分析大量的实际数据，我们可以发现，不同种类、不同配比的饲料对奶牛产奶量的影响是有所不同的。有些饲料虽然价格较高，但能够显著提高奶牛的产奶量；而有些饲料则可能价格低廉，但对产奶量的提升作用有限。因此，在进行饲料效率评估时，我们需要综合考虑饲料的成本、营养价值以及对奶牛产奶量的影响等多个因素。除了对单一饲料的评估外，我们还需要关注饲料配方的优化。在实际养殖中，很少有单一饲料能够满足奶牛所有的营养需求，因此通常需要将多种饲料进行混合使用。而如何确定各种饲料的最佳配比，以实现营养的全面均衡和高效利用，就需要我们进行深入的饲料效率评估。通过对不同配方下奶牛产奶量和饲料消耗量的对比分析，我们可以找出最佳的饲料配方组合，从而提高饲料的利用效率并降低养殖成本。

投喂策略的优化也是提高饲料利用效率的重要手段之一。在实际养殖中，投喂方式、投喂时间以及投喂量等都会对奶牛的饲料利用效率产生影响。例如，采用分次投喂的方式可以减少饲料的浪费并提高奶牛的消化率；根据奶牛的生长阶段和产奶需求调整投喂量可以实现饲料的精准供给等。因此，在进行饲料效率评估时，我们还需要对现有的投喂策略进行全面地分析和评估，找出其中存在的问题和不足，并提出相应的优化建议。此外，随着科技的进步和智能化设备的普及应用，现代奶牛养殖已经越来越依赖于各种先进的技术手段来提高饲料利用效率。例如，通过安装自动喂料系统可以实现精准投喂和减少人工误差；利用物联网技术可以实时监测奶牛的采食情况和健康状况等。这些技术的应用不仅可以提高饲料的利用效率，还能为养殖者提供更加便捷、高效的管理手段。因此，在进行饲料效率评估时，我们也需要密切关注这些新技术的发展和应用情况，并积极探索将其引入实际的养殖生产中。

（四）疾病风险预测

在现代奶牛养殖中，疾病风险预测已经成为一项不可或缺的管理工具。随着技术的进步，我们能够收集到奶牛体温、呼吸频率、反刍次数等生理指标，以及行走步态、躺卧时间等行为数据。这些数据为我们提供了奶牛健康状况的实时反馈，帮助我们及时发现异常情况并作出响应。同时，环境数据的监测也是疾病风险预测中不可或缺的一部分。温度、湿度、空气质量等环境因素对奶牛的健康有着直接影响。例如，高温、高湿的环境可能导致奶牛热应激，增加其患病的风险；而空气中的有害气体或粉尘则可能引发呼吸道疾病。因此，通过实时监测这些环境数据，我们能够及时调整饲养管理策略，为奶牛提供一个更加舒适、健康的饲养环境。在收集到这些健康数据和环境数据后，我们需要运用先进的数据分析技术来预测奶牛患病的风险。

通过建立数学模型，我们可以分析数据之间的相关性，找出可能导致疾病发生的危险因素。这些模型能够根据历史数据和当前监测数据预测未来一段时间内奶牛患病的风险水平，从而为养殖者提供决策支持。当预测结果显示奶牛患病风险较高时，我们需要迅速采取预防措施。这些措施可能包括调整饲料配方以提高奶牛的免疫力、改善饲养环境以降低应激水平、加强消毒和防疫工作以减少病原菌的传播等。通过及时采取这些预防措施，我们能够显著降低奶牛患病的风险，保障其健康和生产力。此外，疾病风险预测还能够促进养殖场的精细化管理。通过对每头奶牛的健康状况进行持续监测和评估，我们能够为其制订个性化的饲养管理方案。这种精细化管理方式不仅能够提高奶牛的生产性能，还能够提升养殖场的整体经济效益。值得注意的是，疾病风险预测并不是一项孤立的工作。它需要与养殖场的日常饲养管理、兽医诊疗以及营养咨询等各个环节紧密配合。只有形成一个完整、高效的管理体系，我们才能够最大限度地降低奶牛患病的风险，确保其健康、高效地为我们提供优质的牛奶产品。

三、数字化评估模型在奶牛养殖场中的应用价值

（一）提高生产效率

数字化评估模型的应用，使得养殖场的管理更加精细化和智能化。该模型能够综合分析奶牛的生长数据、环境参数以及饲养记录等多维度信息，为养殖者提供全面、准确的奶牛生产状况评估。通过实时数据的采集和传输，养殖者可以随时了解奶牛的健康状况、营养摄入情况以及饲养环境的舒适度等关键指标，从而及时发现并解决潜在问题。在饲养方案优化方面，数字化评估模型发挥了重要作用。根据模型的分析结果，养殖者可以精确地调整饲料的配比和投喂时间，确保奶牛获得均衡且充足的营养。这种个性化的饲养方案不仅提高了饲料的利用

率，减少了浪费，还促进了奶牛的健康生长和产奶量的提升。同时，优化饲料配比还有助于改善奶品质，提高乳制品的市场竞争力。除了饲养方案的优化，数字化评估模型还为管理策略的调整提供了依据。

通过对奶牛生长状况和饲养环境的实时监测，养殖者可以及时发现并解决影响奶牛生产效率的问题。例如，当模型显示饲养环境存在温度、湿度或空气质量等问题时，养殖者可以迅速采取措施进行改善，为奶牛提供一个更加舒适、健康的生活环境。这种及时响应的管理策略有助于减少奶牛应激和疾病的发生，从而提高其生产效率。此外，数字化评估模型还有助于提升养殖场的整体运营效率。通过对奶牛生产数据的长期跟踪和分析，养殖者可以总结出最佳的饲养实践和管理经验，为未来的养殖活动提供指导。这种基于数据的决策方式减少了人为因素的干扰，提高了决策的准确性和有效性。同时，数字化模型还可以帮助养殖场实现资源的优化配置和节约，降低生产成本，提高盈利能力。

（二）降低运营成本

数字化评估模型通过实时监测奶牛的生长状况，能够精确计算出每头奶牛所需的饲料量。这避免了传统饲养方式中因估算不准确而导致的饲料浪费现象。养殖场可以根据模型给出的精准数据来制订饲料采购计划，确保饲料的供应既满足奶牛的生长需求，又不造成库存积压和过期浪费。这种精细化的饲养管理方式，不仅降低了饲料成本，还提高了饲料的利用率，对养殖场的经济效益有着显著的提升作用。数字化评估模型还能够对奶牛的饲养环境进行实时监测和评估。通过收集和分析环境数据，如温度、湿度、空气质量等，模型可以判断饲养环境是否适宜奶牛的生长和生产。一旦发现环境问题，养殖场可以及时采取措施进行调整，避免因环境不适导致的奶牛应激反应和生产性能下降。这种智能化的环境管理方式，不仅提高了奶牛的生产效率，还减少了因环境控制不当而引发的健康问题，从而降低了养殖场在疾病治疗方面的支出。此外，数字化评估模型在奶牛健康管理方面也发挥着重要作用。

通过对奶牛生理指标的实时监测和分析，模型可以及时发现奶牛的健康异常，并给出预警提示。这使得养殖场能够在疾病早期就进行干预和治疗，避免了病情的恶化和传染给其他奶牛。同时，模型还可以根据奶牛的健康状况调整饲养方案和管理策略，为其提供个性化的护理和营养支持。这种以预防为主的健康管理方式，不仅减少了奶牛因疾病导致的生产损失，还降低了养殖场在兽药和兽医服务方面的费用支出。除了直接降低饲料成本和健康管理支出外，数字化评估模型还可以通过优化人力资源配置来降低运营成本。传统养殖方式中需要大量人工进行饲养、清洁、观察等工作，而数字化模型的应用可以实现部分工作的自动化和智能化。例如，通过自动喂料系统和智能环控设备可以减少人工投喂和环境调控的工作量；而通过远程监控和数据分析平台则可以实现对奶牛生长和健康状况的实时监测和预警，减少了人工巡检的频率和强度。这种人力资源的优化配置不仅提高了工作效率，还降低了养殖场在人力成本方面的支出。

（三）提升决策水平

提升决策水平是奶牛养殖场实现可持续发展和竞争优势的关键所在。而数字化评估模型作为一种先进的数据分析工具，为养殖场提供了科学、准确的决策支持，极大地提升了决策的效率和准确性。数字化评估模型通过对历史数据和当前数据的深入挖掘和分析比对，能够揭示出奶牛生长、生产以及市场需求的内在规律和趋势。这种基于数据的预测分析，使得养殖场能够清晰地了解未来的生产趋势和市场需求变化，从而制订出更加合理的发展规划和经营策略。比如，模型可以预测未来一段时间内奶牛的产奶量、奶品质以及市场需求量等关键指标，帮助养殖场决定是否需要扩大规模、调整产品结构或者改进饲养管理方式等。这种前瞻性的决策方式，使得养殖场能够在市场竞争中抢占先机，获得更大的市场份额和利润空间。除了预测未来的生产趋势和市场需求外，数字化评估模型还可以对不同的决策方案进行模拟和比较。通过设定不同的参数和条件，模型可以生成多种可能的决策方案，并对这些方案进行量化评估和对比分析。这种基于模拟的决策方式，使得养殖场能够在实际决策之前对各种方案的优劣进行全面评估，从而选择最优的决策方案。这种科学、严谨的决策过程，不仅避免了盲目决策带来的风险，还提高了决策的效率和准确性。

数字化评估模型在提升决策水平方面的优势还体现在其能够整合多源数据和专业知识，为养殖场提供全面的决策支持。在实际应用中，模型可以整合来自饲养管理、兽医诊疗、营养咨询等多个环节的数据和专业知识，形成一个完整、系统的决策支持体系。这种跨领域的数据整合和知识融合，使得养殖场能够从多个角度全面分析问题，制订出更加全面、科学的决策方案。同时，数字化评估模型还可以与其他管理系统进行无缝对接，实现数据的实时共享和更新，确保决策依据的准确性和时效性。此外，数字化评估模型在提升决策水平方面还具有可视化和交互性的优势。通过直观的数据图表和友好的用户界面，模型可以将复杂的数据分析结果以易于理解的方式呈现出来，帮助决策者快速掌握关键信息。同时，模型还支持用户自定义参数和条件进行模拟分析，使得决策者能够根据自身需求和实际情况灵活调整决策方案。这种可视化和交互性的设计方式，不仅提高了决策过程的透明度和参与度，还增强了决策者的信心和满意度。

第三节　评估模型的验证与优化

一、评估模型的验证

（一）数据验证

1. 数据来源的可靠性与权威性

数据验证的第一步是确保数据来源的可靠性与权威性。在奶牛养殖的场景中，这可能涉及饲料消耗记录、奶牛健康监测数据、产奶量统计等多个方面。这些数据可能来源于不同的设备和系统，如自动喂料机、智能健康监测项圈、挤奶机等。因此，验证数据来源的可靠性至关重要。对于来源不明的数据，必须进行深入调查，以确定其真实性和准确性。这包括了解数据的采集设备、传输过程、存储方式等，以确保数据在采集、传输和存储过程中没有发生偏差或错误。同时，对于来自权威机构或经过认证的数据源，其准确性和可靠性通常更高，因此在数据验证过程中应给予更多关注。此外，还需要关注数据的时间性和时效性。在奶牛养殖中，一些历史数据可能已经过时，不再适用于当前的养殖环境和市场条件。因此，在验证数据时，应优先考虑最新、最具代表性的数据，以确保数据的输入与当前实际情况相符。

2. 数据采集与处理的规范性

数据采集与处理的规范性对数据验证同样至关重要。在数据采集阶段，必须遵循统一的标准和流程，以确保不同来源、不同类型的数据具有可比性和一致性。这包括数据的采集频率、采集方法、数据格式等方面。在数据处理阶段，需要对原始数据进行清洗、转换和整合等操作，以消除异常值、填补缺失值、统一数据单位等。这些处理步骤的规范性和准确性直接影响到数据的输入质量和预测性能。因此，在数据验证过程中，需要对数据处理的方法和过程进行仔细检查，以确保没有引入新的偏差或错误。同时，还需要关注数据处理的自动化和智能化水平。随着技术的发展，越来越多的数据处理任务可以通过自动化工具和算法来完成。这些工具和算法不仅可以提高数据处理的效率，还可以减少人为错误和偏差。因此，在数据验证过程中，应优先考虑使用自动化和智能化的数据处理方法。

3. 数据的统计分析与可视化展示

数据的统计分析与可视化展示是数据验证的重要环节。通过对数据进行统计分析，可以深入了解数据的分布特征、相关性结构、异常值情况等，从而判断数据是否符合模型的假设和要求。例如，在奶牛养殖中，可以通过统计分析来检查不同来源、不同类型的数据是否存在显著的差异或相关性，以确定是否需要进一步的数据处理或模型调整。而可视化展示则可以将复杂的数据关系以直观、易懂的方式呈现出来，帮助决策者快速理解数据的内涵和规律。在奶牛养殖中，可以通过绘制散点图、柱状图、折线图等图表来展示饲料消耗与产奶量之间的关系、奶牛健康状况的变化趋势等。这些图表不仅可以揭示数据背后的规律和趋势，还可以帮助决策者发现潜在的问题和机会。

（二）模型假设检验

1. 假设检验的必要性

假设检验是科学研究中的一种基本方法，它用于判断某个假设是否成立。在数字化评估模型的构建过程中，我们通常会根据已有的理论知识和实践经验提出一些假设，这些假设是模型构建的基础。然而，这些假设是否真正成立，是否符合实际情况，需要通过假设检验来验证。假设检验的必要性主要体现在以下几个方面：首先，通过假设检验可以验证模型的假设是否符合实际情况，从而确保模型的有效性和可靠性；其次，假设检验有助于发现模型中存在的问题和不足，为模型的改进和优化提供依据；最后，通过假设检验还可以提高模型的适应性和泛化能力，使其更好地应用于实际生产中。

2. 假设检验的方法

针对数字化评估模型中的假设，我们可以采用多种方法进行检验。以下介绍 3 种常用的假设检验方法：统计分析、专家评审和实地调查。

（1）统计分析。统计分析是一种基于数据的假设检验方法。通过对收集到的数据进行整理、分析和解释，我们可以判断模型的假设是否成立。例如，我们可以利用统计软件对奶牛的生长数据进行回归分析，以验证生长规律假设的合理性；或者对饲养环境与奶牛健康状况之间的关系进行相关性分析，以检验饲养环境影响因素假设的有效性。在实施统计分析时，我们需要注意以下几点：首先，要确保数据的准确性和完整性，避免因为数据质量问题导致分析结果的偏差；其次，要选择合适的统计方法和模型，以确保分析结果的准确性和可靠性；最后，要对分析结果进行科学地解释和判断，避免因为误解或误判导致错误的结论。

（2）专家评审。专家评审是一种基于专业知识和经验的假设检验方法。通过邀请相关领域的专家对模型的假设进行评审和讨论，我们可以从专业角度对假设的合理性进行评估。专家评审的优势在于能够充分利用专家的专业知识和实践经验，对模型的假设进行深入地分析和判断。在实施专家评审时，我们需要注意以下几点：首先，要选择合适的专家团队，确保他们具有足够的专业知识和实践经验；其次，要为专家提供充分的信息和材料，以便他们对模型的假设进行全面的了解和分析；最后，要重视专家的意见和建议，及时对模型进行调整和改进。

（3）实地调查。实地调查是一种基于实际观察和测量的假设检验方法。通过深入奶牛养殖场进行实地观察和测量，我们可以直接获取奶牛的生长数据、饲养环境信息以及疾病发生情况等相关信息，从而对模型的假设进行验证。实地调查的优势在于能够直接获取第一手资料，避免因为数据传输和处理过程中的误差导致分析结果的偏差。在实施实地调查时，我们需要注意以下几点：首先，要制订详细的调查计划和方案，确保调查的全面性和系统性；其次，要选择合适的调查方法和工具，以确保数据的准确性和可靠性。

3. 假设检验的结果处理

经过上述 3 种方法的假设检验后，我们会得到一系列的结果。这些结果可能支持模型的假设，也可能否定模型的假设。对于支持假设的结果，我们可以进一步增强对模型的信心，并将其应用于实际生产中。对于否定假设的结果，我们需要深入分析其原因和影响，并对模型进行相应的调整或重新构建。在处理假设检验的结果时，我们需要保持客观和理性的态度。不能因为结果符合预期就盲目接受，也不能因为结果不符合预期就盲目拒绝。我们应根据实际情况对结果进行科学地分析和判断，以确保模型的有效性和可靠性。同时，我们还需要持续关注奶牛养殖业的发展动态和技术进步，不断更新和完善数字化评估模型，以适应不断变化的市场需求和生产环境。

（三）模型预测准确性验证

1. 模型预测准确性的重要性

模型预测准确性是指模型对未知数据的预测结果与真实结果之间的吻合程度。在奶牛养殖业中，这直接关系到养殖者对奶牛生长状况、健康状况、产奶量等关键指标的把握程度。一个预测准确性高的模型能够提供更可靠的决策支持，帮助养殖者及时调整饲养策略，应对各种挑战和变化。预测准确性的重要性主要体现在以下几个方面：首先，准确的预测有助于养殖者制订更加合理的生产计划，优化资源配置，降低生产成本；其次，通过准确预测奶牛的生长和健康状况，可以及时发现潜在问题，采取有效措施进行干预和治疗，从而确保奶牛的健康和生产性能；最后，准确地预测还可以帮助养殖者把握市场动态，制订更加灵活的销售策略，提高市场竞争力。

2. 模型预测准确性的验证方法

为了评估模型的预测准确性，我们可以采用多种方法进行验证。以下介绍 3 种常用的验证方法：交叉验证、留出法和自助法。

（1）交叉验证。交叉验证是一种常用的模型验证方法，它将原始数据集分成多个子集，每次使用其中一个子集作为测试集，其余子集作为训练集进行模型训练和验证。通过多次迭代和平均处理，可以得到模型在未知数据上的预测性能。交叉验证的优点是可以充分利用数据集，减少随机误差的影响，从而得到更加稳定和可靠的评估结果。在实施交叉验证时，我们需要注意以下几点：首先，要合理划分数据集，确保每个子集都具有代表性；其次，要选择合适的评估指标，如准确率、召回率、F1分数等，以全面评估模型的预测性能。

（2）留出法。留出法是一种简单直观的模型验证方法，它将原始数据集分成训练集和测试集两部分。训练集用于模型训练，测试集用于评估模型的预测性能。留出法的优点是操作简单易行，适用于数据集较大的情况。然而，它也存在一定的局限性，如训练集和测试集的划分可能引入偏差，导致评估结果的不稳定性。在实施留出法时，我们需要注意以下几点：首先，要合理划分训练集和测试集的比例，确保两者都具有代表性；其次，要对测试集的预测结果进行详细的记录和分析，以便发现模型中存在的问题和不足；最后，要结合实际应用场景对评估结果进行解释和判断。

（3）自助法。自助法是一种基于重采样的模型验证方法。它通过随机抽取样本的方式生成多个训练集和测试集，然后对每个训练集进行模型训练，并在对应的测试集上评估模型的预测性能。自助法的优点是可以充分利用数据集的信息，减少样本偏差的影响。然而，由于每次抽取都是随机的，可能会导致一些样本在多次验证中都被选中或从未被选中，从而影响评估结果的稳定性。在实施自助法时，我们需要注意以下几点：首先，要设置合适的抽取次数和样本比例，以确保评估结果的稳定性和可靠性；其次，要对每个训练集和测试集的预测结果进行详细的记录和分析；最后，要对多次验证的结果进行平均处理或统计分析，以得到更加全面和客观的评估结果。

3. 模型优化与改进

经过上述验证方法评估后，如果模型的预测准确性不满足要求或存在明显的问题和不足，就需要对模型进行优化或改进。优化和改进的方法可以从多个方面入手，如调整模型参数、改进模型结构、引入新的特征或变量等。通过这些措施可以进一步提高模型的预测准确性和泛化能力，使其更好地适应实际应用场景的需求。在模型优化与改进过程中，我们需要注意以下几点：首先，要明确优化和改进的目标和方向，确保改进措施与实际应用需求相一致；其次，要充分利用领域知识和实践经验进行指导和支持；最后，要对优化和改进后的模型进行再次验证和评估，以确保其在实际应用中的有效性和可靠性。

（四）模型稳健性验证

1. 模型稳健性的重要性

模型稳健性是衡量模型性能的重要指标之一。在实际应用中，输入数据往往受到各种因素的影响，如测量误差、数据噪声等，这些因素可能导致输入数据发生微小变化。如果模型的预测结果对这些微小变化非常敏感，那么模型的预测准确性就会受到严重影响，甚至导致错误的决策。稳健性的重要性主要体现在以下几个方面：首先，稳健的模型能够提供更加可靠的预测结果，降低预测误差，从而提高决策的准确性；其次，稳健的模型能够更好地适应各种复杂和不确定的环境，具有较强的泛化能力；最后，稳健的模型能够减少因输入数据变化而导致的模型调整和维护成本，提高模型的实用性和经济性。

2. 模型稳健性的验证方法

为了验证模型的稳健性，我们可以对输入数据进行扰动或添加噪声，然后观察模型预测结果的变化情况。具体来说，可以采用以下几种方法。

（1）数据扰动。数据扰动是指对输入数据进行微小的调整或变化，以模拟实际应用中可能出现的数据波动。通过对比扰动前后模型的预测结果，可以评估模型对输入数据变化的敏感程度。如果预测结果变化较小，说明模型的稳健性较好；反之，如果预测结果变化较大，则说明模型的稳健性较差。在实施数据扰动时，需要注意扰动的幅度和方式要合理，既要能够模拟实际应用中的数据波动，又要避免对模型造成过大的影响。同时，还需要对扰动后的数据进行充分的测试和验证，以确保评估结果的准确性和可靠性。

（2）添加噪声。添加噪声是另一种常用的验证模型稳健性的方法。通过在输入数据中添加一定强度的噪声，可以模拟实际应用中可能出现的各种干扰因素。然后观察模型在噪声干扰下的预测性能变化情况，以评估模型的稳健性。在实施添加噪声时，需要注意噪声的类型和强度要合理选择，以模拟实际应用中可能出现的各种干扰情况。同时，还需要对添加噪声后的数据进行充分的测试和验证，以确保评估结果的全面性和客观性。

（3）对比分析。除了上述两种方法外，还可以通过对比分析不同模型在同一数据集上的稳健性表现来评估模型的稳健性。选择多个具有代表性的模型，分别在同一数据集上进行训练和测试，并对比它们的预测结果和稳健性指标。通过对比分析，可以发现不同模型在稳健性方面的差异和优劣势，为模型的优化和改进提供参考依据。

3. 模型稳健性的优化与改进

如果经过验证发现模型的稳健性较差，就需要对模型进行优化或改进。优化和改进的方法可以从多个方面入手。

（1）调整模型参数。针对模型的参数进行调整是优化模型稳健性的一种常见方法。通过调整模型的参数配置，可以改变模型对输入数据的敏感程度，从而提高模型的稳健性。例如，可以增加正则化项来约束模型的复杂度，防止过拟合；或者调整学习率来控制模型的训练速度和收敛程度等。

（2）改进模型结构。如果模型的稳健性问题是由于模型结构本身存在的缺陷导致的，那么就需要对模型结构进行改进。例如，可以尝试引入更复杂的网络结构来提高模型的表达能力；或者采用集成学习方法来结合多个模型的优点等。通过改进模型结构，可以进一步提高模型的稳健性和泛化能力。

（3）引入领域知识。在奶牛养殖业中，领域知识对于提高模型稳健性具有重要作用。通过引入领域知识来辅助模型训练和预测，可以帮助模型更好地理解和处理输入数据中的复杂关系和不确定性因素。例如，可以利用养殖经验或专家建议来构建特征工程；或者采用基于知识的方法来进行数据预处理和特征提取等。通过引入领域知识，可以提高模型的解释性和稳健性，使其更加符合实际应用需求。

二、评估模型的优化

（一）参数优化

1. 参数优化在数字化评估模型中的重要性

参数是数字化评估模型的基石，它们控制着模型的各个方面，如学习速率、正则化强度、特征选择等。每个参数都有其特定的作用和影响范围，而参数之间的相互作用更是构成了模型性能的复杂图景。因此，对参数进行细致而精确地调整，是确保模型性能达到最佳状态的必要条件。参数优化对于提高模型预测准确性至关重要。一个优秀的模型不仅需要在训练数据上表现良好，更需要在未知数据上保持稳定的预测性能。通过参数优化，我们可以调整模型的复杂度、拟合能力以及对噪声的敏感性等方面，使其在各种场景下都能作出准确可靠的预测。此外，参数优化还有助于提升模型的稳健性。在实际应用中，输入数据往往受到各种噪声和干扰的影响，这就要求模型具有一定的抗干扰素力。通过参数优化，我们可以增强模型对输入变化的适应性，使其在面对不同情况时都能保持稳定的性能。

2. 参数优化的常用方法

为了实现有效的参数优化，研究者们开发了一系列方法和技术。这些方法各有特点，适用于不同的场景和需求。以下是一些常用的参数优化方法。

（1）网格搜索。网格搜索是一种基本的参数优化方法。它通过遍历预定义的参数空间中的所有可能组合来寻找最佳参数。虽然这种方法简单直接，但在参数空间较大时，计算成本会非常高昂。因此，网格搜索通常适用于参数空间较小或需要精细调整的场景。

（2）随机搜索。与网格搜索不同，随机搜索在参数空间中随机采样一定数量的参数组合进行评估。这种方法能够在相对较少的计算成本下探索更广泛的参数空间，特别适用于高维参数空间或计算资源有限的情况。随机搜索的效率往往高于网格搜索，尤其是在参数空间较大且某些参数对性能影响较小的情况下。

（3）贝叶斯优化。贝叶斯优化是一种基于概率模型的参数优化方法。它通过构建和更新一个关于目标函数的后验概率模型来指导参数搜索过程。这种方法能够充分利用先前的搜索结果信息来加速优化过程，并找到全局最优解。贝叶斯优化特别适用于计算成本高昂且需要精细调整的场景，如深度学习模型的超参数优化。

（二）特征选择与优化

1. 特征选择的重要性与方法

特征选择是从原始特征集合中挑选出一组最具代表性、最有利于模型预测的特征子集的过程。它的重要性主要体现在以下几个方面：首先，通过去除无关和冗余特征，可以降低模型的复杂度，提高计算效率；其次，减少特征数量有助于避免过拟合，提高模型的泛化能力；最后，精选的特征子集往往更具解释性，有助于增强模型的可理解性和可信度。特征选择的方法多种多样，常见的包括过滤法、包装法和嵌入法等。过滤法通常基于特征的统计性质或相关性指标对特征进行排序和筛选，如方差分析、相关系数、互信息等。这种方法计算简单、速度快，但可能忽略特征之间的相互作用和与目标变量的真实关系。包装法则是通过不断地构建和评估模型来选择特征子集，通常能够得到较好的特征组合，但计算成本较高。嵌入法则是将特征选择过程嵌入模型训练过程中，如决策树和随机森林等模型在训练过程中会自动进行特征选择。这种方法能够在模型训练的同时完成特征选择，效率较高。

2. 特征优化的策略与技巧

除了直接从原始特征集合中选择特征外，我们还可以通过特征优化来进一步提炼和增强特征的信息量。特征优化包括特征变换和特征组合两种主要策略。特征变换是指对原始特征进行数学变换或编码，以提取更有用的信息或消除冗余信息。常见的特征变换方法包括标准化、归一化、对数变换、多项式变换等。这些变换可以调整特征的尺度、分布或非线性关系，使其更符合模型的假设和要求。例如，对于偏斜分布的数据，对数变换可以使其更接近正态分布；对于非线性关系的数据，多项式变换可以引入高阶项来捕捉非线性模式。特征组合则是将多个原始特征组合成一个新的特征，以捕捉原始特征之间的相互作用和复杂关系。常见的特征组合方法包括乘积组合、加入组合、差值组合等。通过合理的特征组合，我们可以构造出更具表达能力的特征，从而提高模型的预测准确性。例如，在信用评分模型中，我们可以将收入、负债和年龄等特征进行组合，构造出反映偿债能力和稳定性的新特征。

3. 特征选择与优化的实践建议

在实际应用中，进行特征选择与优化时需要注意以下几点实践建议：首先，要充分了解数据和业务背景，理解每个特征的含义和重要性；其次，要结合具体的模型和任务需求来选择合适的特征选择方法和优化策略；最后，要对特征选择和优化的结果进行充分的验证和测试，确保所选特征子集和优化策略的有效性。此外，随着机器学习和人工智能技术的不断发展，自动化特征选择和优化方法逐渐成为研究热点。这些方法利用算法自动地搜索和评估特征子集或优化策略，大大减轻了人工干预的负担。未来随着技术的不断进步和应用场景的拓展，自动化特征选择和优化方法将在更多领域发挥重要作用。综上所述，特征选择与优化是数字化评估模型优化过程中的关键环节。通过精心的特征选择和优化策略的应用，我们可以提炼出最具代表性和信息量的特征集合，从而提高模型的预测准确性和计算效率。在未来的研究中，我们将继续探索更有效的特征选择和优化方法，为数字化评估模型的应用和发展提供更有力的支持。

（三）模型融合与优化

1. 集成模型的基本概念与优势

集成模型是一种将多个单一模型（也称为基学习器）组合

起来进行预测的方法。这些单一模型可以是同质的（即使用相同的学习算法和参数设置），也可以是异质的（使用不同的学习算法或参数设置）。通过将这些模型的预测结果进行融合，集成模型能够利用各个模型之间的互补性，减少单一模型可能存在的偏差和方差，从而提高整体的预测性能。集成模型的优势主要体现在以下几个方面：首先，它能够充分利用数据中的信息，通过结合多个模型的预测结果来减少误差；其次，它能够处理复杂的非线性关系，通过组合不同的模型来捕捉数据中的多种模式；最后，它具有较好的稳健性，即使部分单一模型出现错误预测，集成模型也能通过其他模型的正确预测来纠正这些错误。

2. 集成模型的主要方法

集成模型的方法多种多样，其中最常见的包括装袋法、提升法和堆叠法等。这些方法各有特点，适用于不同的场景和需求。

（1）装袋法（Bagging）。装袋法是一种基于自助采样法的集成学习方法。装袋法是通过从原始数据集中进行有放回的随机采样来生成多个子数据集，并在每个子数据集上训练一个基础学习器。然后，将这些基学习器的预测结果进行平均或投票表决来得到最终的预测结果。装袋法能够有效降低模型的方差，提高预测稳定性。著名的随机森林算法就是装袋法的一个典型应用。

（2）提升法（Boosting）。提升法是一种通过逐步拟合残差来改进模型的方法。提升法是先训练一个初始模型，并计算模型在训练数据上的残差（即真实值与预测值之间的差异）。然后，将这些残差作为新的目标变量来训练下一个模型，以此类推。最后，将所有模型的预测结果加权求和来得到最终的预测结果。提升法能够逐步纠正先前模型的错误预测，从而提高整体的预测准确性。著名的 AdaBoost 和梯度提升树（GBDT）算法就是提升法的典型应用。

（3）堆叠法（Stacking）。堆叠法是一种通过构建一个元学习器来组合多个基学习器的预测结果的方法。堆叠法是先使用原始数据集训练多个基学习器，并将这些基学习器的预测结果作为新的特征输入一个元学习器中。然后，使用元学习器来学习和组合这些基学习器的预测结果，以得到最终的预测结果。堆叠法能够充分利用各个基学习器的优势，并通过元学习器来进一步提炼和优化预测结果。这种方法在复杂的数据集上往往能够取得较好的性能表现。

3. 集成模型的优化与调整

在实际应用中，为了充分发挥集成模型的优势并适应不同的应用场景和需求，我们还需要对集成模型进行进一步的优化和调整。这包括选择合适的基学习器、确定基学习器的数量和类型、调整融合策略等方面的工作。例如，在选择基学习器时，我们需要考虑它们的性能、计算效率以及互补性等因素；在确定基学习器数量和类型时，我们需要权衡模型的复杂度和计算成本；在调整融合策略时，我们需要根据具体任务和数据特点来选择合适的加权平均或投票表决等方法。此外，我们还可以通过引入正则化、特征选择等技巧来进一步提高集成模型的性能。正则化可以帮助我们避免过拟合现象，提高模型的泛化能力；特征选择则可以帮助我们去除无关和冗余的特征，提高模型的计算效率和预测准确性。这些技巧在实际应用中往往能够取得较好的效果。

（四）持续监控与更新

1. 定期收集新数据的重要性

数字化评估模型的核心在于数据。只有拥有充足、准确的数据，模型才能有效地捕捉奶牛生长和饲养过程中的各种规律，从而提供有价值的预测和建议。因此，定期收集新数据是保持模型性能的基础。新数据的收集应涵盖奶牛生长的各个阶段、各种饲养条件以及可能影响奶牛生长的各种因素。例如，奶牛的体重、食量、产奶量等数据是评估奶牛生长状况和生产性能的重要指标，需要定期收集和更新。同时，饲养环境的数据，如温度、湿度、空气质量等，也是影响奶牛生长的重要因素，同样需要定期收集和监控。通过定期收集新数据，我们不仅可以及时了解奶牛的生长状况和饲养环境的变化，还可以为模型的更新和优化提供有力的数据支持。

2. 对模型进行重新训练和调整的必要性

随着新数据的不断积累，原有的数字化评估模型可能无法完全适应新的数据分布和饲养环境。这时，就需要对模型进行重新训练和调整，以确保其能够继续提供准确的预测和建议。重新训练模型的过程通常包括使用新的数据对模型进行训练、调整模型的参数和结构以适应新的数据分布，以及评估模型在新数据上的性能等步骤。这个过程需要专业的知识和技能，通常由专业的数据分析师或模型开发者来完成。通过重新训练和调整模型，我们可以使模型更好地适应新的饲养环境和数据分布，从而提高模型的预测准确性和实用性。同时，这也有助于我们发现并解决模型在应用过程中可能出现的问题和挑战。

3. 对模型性能进行定期评估的重要性

除了定期收集新数据和重新训练模型外，对模型性能进行定期评估也是保持模型最佳性能的关键环节。通过定期评估模型的性能，我们可以及时了解模型在实际应用中的表现，发现模型可能存在的问题和不足，从而有针对性地进行改进和优化。模型性能的评估通常包括准确性、稳定性、可解释性等多个方面。准确性是评估模型预测结果与实际结果之间的一致程度；稳定性是评估模型在不同数据集或不同时间段上的性能表现是否稳定；可解释性是评估模型预测结果的合理性和可理解性。这些评估指标可以帮助我们全面、客观地了解模型的性能状况。通过定期评估模型的性能，我们可以及时发现并解决模型在应用过程中出现的问题和挑战。例如，如果模型的准确性下降，我们可能需要重新收集数据或调整模型的参数和结构；如果模型的稳定性不足，我们可能需要增加模型的鲁棒性或引入正则化技术；如果模型的可解释性不强，我们可能需要改进模型的输出方式或增加模型的解释性。

第六章　数字化评估模式的问题与挑战

第一节　数据质量与准确性

一、数据质量的定义与重要性

数据质量通常指的是数据的完整性、一致性、准确性、及时性和可信度，这些要素共同构成了评估数据价值的基石。在现代企业中，高质量的数据已经变得不可或缺，它不仅是企业做出明智决策的基础，更是推动企业持续发展和保持竞争力的关键。完整性指的是数据是否全面、无遗漏地反映了所需的信息。在企业决策中，数据的完整性至关重要。例如，在进行市场分析时，如果数据缺失了某个关键细分市场的信息，那么企业可能无法准确把握市场趋势，从而作出错误的决策。因此，确保数据的完整性是提升数据质量的首要任务。一致性强调的是数据在不同系统、平台或时间点上的统一性和可比较性。在大型企业中，数据往往分散在多个系统和平台上，如果这些数据之间缺乏一致性，那么企业在整合和分析数据时就会面临巨大的挑战。因此，确保数据的一致性是提高数据质量的必要条件。准确性是指数据是否真实、无误地反映了实际情况。不准确的数据会导致决策失误，给企业带来巨大的损失。例如，在库存管理中，如果库存数据不准确，企业可能面临库存积压或缺货的风险。因此，提升数据的准确性是保障企业决策正确性的关键。及时性关注的是数据是否能够及时反映最新的情况。

在快速变化的市场环境中，过时的数据可能导致企业错失良机。因此，确保数据的及时性是提升数据质量的重要方面。企业需要建立高效的数据采集、处理和更新机制，以便在第一时间获取最新的数据信息。可信度则是指数据的来源是否可靠、数据处理过程是否透明可追溯。在数据驱动的时代，数据的可信度直接关系到企业的声誉和利益。如果企业使用的数据存在来源不明或处理过程不透明的问题，那么这些数据很可能受到质疑，从而影响企业的决策和形象。因此，提升数据的可信度是维护企业利益的重要保障。高质量的数据对企业而言具有巨大的价值，能够帮助企业更准确地了解市场趋势、客户需求、业务流程以及绩效表现，从而为企业制订战略和日常运营提供有力的支持。通过深入分析高质量的数据，企业可以发现潜在的市场机会、优化产品设计、提升客户满意度、改进业务流程以及提高运营效率。这些都将为企业带来实实在在的竞争优势和经济效益。相反，低质量的数据则可能导致决策失误、资源浪费甚至业务风险。不准确或过时的数据可能让企业作出错误的决策，导致投资失败、市场份额下降或客户满意度降低。同时，低质量的数据还可能引发信任危机，损害企业的声誉和形象。因此，企业必须高度重视数据质量问题，采取有效措施提升数据质量，以确保企业决策的正确性和业务的持续发展。

二、数据准确性的挑战

（一）数据源多样性

数据源多样性是现代企业数据管理中一个不可忽视的重要

方面。随着信息技术的飞速发展和企业业务的不断拓展，企业数据往往来源于多个不同的数据源，如关系型数据库、非关系型数据库、CRM（客户关系管理）系统、ERP（企业资源规划）系统、社交媒体平台、物联网设备等。这些数据源在为企业提供丰富、多元的数据资源的同时，也带来了数据源多样性所带来的挑战。不同的数据源可能采用不同的数据格式、标准和定义。例如，一个CRM系统可能使用一种特定的数据格式来存储客户信息，而另一个数据库则可能使用完全不同的格式和字段定义。这种格式、标准和定义的不一致性在数据整合时可能导致字段匹配错误、数据类型不匹配、数据值转换错误等问题，从而影响数据的准确性和一致性。数据源多样性还可能导致数据重复和数据冗余的问题。由于不同的数据源可能包含相同或相似的数据，如果在整合过程中没有进行有效的去重和清洗，就会导致数据重复和数据冗余。这不仅会浪费存储空间和处理资源，还可能影响数据分析的准确性和效率。数据源多样性还可能引发数据安全和隐私保护的问题。不同的数据源可能具有不同的安全策略和访问控制机制，如何在确保数据安全和隐私的前提下进行有效的数据整合是一个重要的挑战。企业需要建立严格的数据安全和隐私保护政策，采用加密、脱敏、访问控制等技术手段来确保数据的安全性和隐私性。

（二）人为错误

人为错误在数据输入、处理和分析过程中是一个普遍且难以完全避免的问题，它可能对数据准确性造成严重影响，进而误导企业决策，甚至带来不可估量的损失。这些错误往往源于人类自身的局限性，如注意力不集中、记忆失误、疲劳等，也可能是由于知识不足、技能不熟练或工作态度不端正导致的。

在数据录入阶段，人为错误是最常见的。例如，当员工在输入数据时，可能会因为手误、眼花或思维跳跃等原因，错误地键入数字、字母或符号，导致数据与实际情况不符。此外，如果员工对数据的理解存在偏差，也可能将错误的信息录入系统。比如，在填写客户表单时，将客户的姓名、地址或电话号码等信息录入错误，这些看似微小的失误都可能对企业的后续工作造成困扰。在数据处理阶段，人为错误同样可能发生。员工在进行数据清洗、转换或整合时，可能会因为对数据处理规则理解不透彻，或者操作不熟练，导致数据处理结果出现偏差。例如，在清洗数据时，可能会错误地删除了某些重要信息，或者在数据转换时，未能正确地将原始数据转换为所需格式。这些错误都可能导致数据失真，进而影响数据分析的准确性。在数据分析阶段，人为错误同样不容忽视。数据分析师在解读数据、建立模型或进行预测时，可能会因为对业务知识了解不足、对分析方法掌握不熟练或主观臆断等原因，得出错误的结论或作出错误的决策。例如，在建立预测模型时，可能会因为选用了不合适的算法或参数设置不当，导致预测结果偏离实际。这些错误不仅会影响企业的决策效果，还可能给企业带来巨大的经济损失。

（三）技术限制

技术限制在数据管理中是一个不可忽视的方面，它对数据准确性产生着深远的影响。在数据采集、存储和处理的过程中，技术的局限性往往成为制约数据质量的关键因素。首先，数据采集技术的限制可能导致数据准确性的问题。数据采集是数据管理的第一步，其质量直接影响到后续数据处理的准确性和有效性。然而，由于采集技术的局限性，如传感器的精度不足、响应速度慢或校准不准确等，都可能导致采集到的数据与真实情况存在偏差。例如，在环境监测中，如果传感器的灵敏度不够高，就可能无法准确检测到某些污染物的浓度，从而导致数据失真。其次，数据存储技术的限制也可能对数据准确性造成影响。随着数据量的爆炸式增长，如何高效、安全地存储数据成为企业面临的重要挑战。然而，存储介质的物理损坏、数据备份恢复机制的失效以及存储系统的性能瓶颈等问题都可能导致数据的丢失或损坏。当企业需要从存储系统中检索数据时，如果数据已经因为存储技术的限制而受损，那么检索到的数据将无法真实反映实际情况，从而影响决策的准确性。最后，数据处理技术的限制同样可能引发数据准确性的问题。数据处理包括数据的清洗、转换、整合和分析等一系列操作，这些操作的目的在于从原始数据中提取有用的信息以支持决策。然而，处理算法的不完善、计算资源的不足或处理过程中的错误都可能导致处理结果的偏差。例如，在大数据分析中，如果算法无法有效处理非结构化数据或无法准确识别数据中的模式，那么分析结果的准确性将受到质疑。

（四）数据过时

数据过时是数据管理中一个极为重要的问题，它关乎数据的时效性和实用性。在许多应用场景中，数据的时效性对于决策的准确性至关重要。过时的数据，就像过期的食品一样，失去了其原有的价值和意义，甚至可能产生误导性的结果。在当今这个快速变化的时代，数据的更新速度非常快，新的信息不断涌现，旧的数据很快就会被淘汰。如果企业或个人仍然依据过时的数据进行决策，那么很可能无法准确把握当前的市场趋势、客户需求、竞争状况等重要信息，从而导致决策失误。这种失误可能会带来严重的后果，比如错失市场机会、投资失败、客户满意度下降等。数据过时的原因可能有很多，比如数据采集不及时、数据处理流程烦琐、数据存储和更新机制不完善等。有时，即使数据本身是新的，但由于处理和分析的延迟，也可能导致数据在决策时已经过时。此外，一些企业或个人可能由于成本、技术或其他方面的限制，无法及时获取和更新数据，这也是导致数据过时的一个重要原因。

三、提高数据质量与准确性的策略

（一）制订严格的数据治理政策

制订严格的数据治理政策是现代企业不可或缺的一部分，尤其在数据驱动的时代背景下，它对于确保数据的准确性、安全性、合规性以及推动业务价值具有至关重要的作用。一个清晰、全面的数据治理政策不仅能够帮助企业规避潜在的数据风险，还能优化数据流程，提升数据质量，从而为企业决策提供有力支持。数据治理政策需要覆盖数据管理的全生命周期，包括数据的收集、存储、处理、共享和使用等各个环节。在数据收集阶段，政策应明确数据的来源、采集方式以及采集频率，确保所收集的数据既满足业务需求，又符合法律法规的要求。在数据存储和处理环节，政策应规定数据的存储标准、加密措施以及访问控制，以防止数据泄露、篡改或损坏。而在数据共享和使用时，政策应明确数据的共享范围、使用目的以及使用方式，确保数据在流动过程中始终保持合规性和安全性。数据治理政策还需要明确数据的所有权、责任和义务。

数据的所有权应清晰界定，避免出现数据归属不清、权责不明的情况。同时，政策应规定数据管理的责任部门和责任人，确保数据管理工作有人负责、有人落实。此外，政策还应明确企业和员工在数据处理过程中的义务，如保护数据安全、遵守数据保密协议等，以维护企业的数据安全和声誉。在制订数据治理政策时，企业还需要充分考虑法律法规的要求和行业规范。政策内容应与国家法律法规保持一致，确保企业的数据处理活动合法合规。同时，政策还应参考行业内的最佳实践和标准，结合企业的实际情况进行制订，以提高政策的实用性和可操作性。此外，数据治理政策的执行和监督也是至关重要的。企业应建立有效的执行机制，确保政策在各级部门和员工中得到有效落实。

同时，还应设立专门的监督机构或指定监督人员，对政策的执行情况进行定期检查和评估，及时发现并纠正存在的问题。对于违反政策的行为，企业应给予相应的处罚和教育，以维护政策的严肃性和权威性。数据治理政策还需要与时俱进，不断进行优化和更新。随着技术的发展和市场的变化，企业的数据处理需求和环境也在不断变化。因此，企业应定期对政策进行审查和修订，以适应新的形势和要求。同时，企业还应积极关注行业动态和法律法规的变化，及时调整政策内容，确保政策的时效性和前瞻性。

（二）强化数据校验和清洗

强化数据校验和清洗是确保数据准确性和可靠性的重要环节。在数据输入和处理过程中，实施严格的数据校验机制至关重要，它能有效减少人为错误，提高数据质量。同时，定期进行数据清洗也是必不可少的，它能够进一步保证数据的准确性和完整性。首先，数据校验是数据输入的第一道关卡。在数据输入阶段，人为因素往往容易导致各种错误，如笔误、理解偏差等。这些错误如果不及时发现和纠正，就会对后续的数据处理和分析造成严重影响。因此，实施严格的数据校验机制是非常必要的。范围检查可以确保输入的数据在合理的范围内，避免出现过大或过小的异常值；格式验证可以确保数据符合预期的格式要求，如日期、电话号码等；逻辑验证则可以通过对数据之间的逻辑关系进行检查，发现可能存在的矛盾或错误。通过这些校验手段，可以在数据输入阶段就及时发现并纠正错误，从而提高数据的准确性。其次，数据清洗是数据处理过程中的重要环节。即使通过了数据校验，仍然可能存在一些潜在的问题或错误。例如，数据中可能存在重复记录、缺失值或错误数据等。这些问题如果不进行处理，就会对后续的数据分析和应用造成困扰。

因此，定期进行数据清洗是非常必要的。去除重复数据可以避免数据冗余和重复计算；处理缺失值可以通过填充、插值或删除等方法，使得数据更加完整；纠正错误数据则可以通过数据对比、验证或重新采集等手段，确保数据的准确性。通过数据清洗，可以进一步消除数据中的噪声和干扰，提高数据的质量和可用性。除了数据校验和清洗之外，还需要建立完善的数据质量管理体系。这包括制订数据质量标准、建立数据质量监控机制、定期评估数据质量等。数据质量标准应明确数据的准确性、完整性、一致性和及时性等方面的要求；数据质量监控机制则可以通过定期的数据质量检查、异常数据报警等手段，及时发现并解决数据质量问题；定期评估数据质量则可以对数据质量管理体系的有效性进行检验和改进。通过这些措施，可以确保数据的准确性和可靠性得到持续保障。此外，还需要加强员工的数据意识和技能培训。员工是企业数据的主要来源和处理者，他们的数据意识和技能水平直接影响到数据的质量。

因此，企业应加强对员工的数据意识和技能培训，提高他们的数据素养和责任心。通过培训和教育，可以让员工更加了解数据的重要性，掌握正确的数据输入和处理方法，减少人为错误的发生。

（三）采用先进的技术工具

采用先进的技术工具对于企业管理数据质量和提高数据准确性具有至关重要的作用。随着科技的不断发展，各种先进的数据质量管理工具、数据集成平台和机器学习算法等技术手段不断涌现，为企业提供了更加强大和高效的数据管理能力。数据质量管理工具是企业提高数据准确性的重要武器。这些工具能够自动检测数据中的异常和错误，从而及时发现并纠正数据问题。相比于传统的人工检查方式，数据质量管理工具具有更高的效率和准确性。它们可以对大量数据进行快速扫描和分析，准确识别出数据中的错误、重复、缺失等问题，并提供相应的修正建议。这样一来，企业可以大大减少人工干预的成本和时间，同时提高数据的质量和可靠性。此外，一些高级的数据质量管理工具还具备自学习能力，能够根据历史数据不断优化检测算法，提高错误检测的准确性和效率。数据集成平台也是企业管理数据质量和提高数据准确性的重要工具之一。

在企业的实际运营中，数据往往分散在多个不同的系统和应用中，这给数据的统一管理和标准化带来了很大的挑战。而数据集成平台可以将这些分散的数据源整合在一起，实现数据的集中存储和统一管理。通过数据集成平台，企业可以方便地对不同来源的数据进行清洗、转换和标准化处理，确保数据的准确性和一致性。此外，数据集成平台还可以提供强大的数据查询和分析功能，帮助企业更好地挖掘数据的价值，支持决策和业务发展。机器学习算法在数据质量管理中也发挥着越来越重要的作用。机器学习算法可以通过对历史数据的学习和分析，建立数据模型，并利用这些模型对未来数据进行预测和纠正。例如，在数据分析中，机器学习算法可以帮助企业发现数据中的潜在规律和趋势，从而更准确地预测未来的市场变化和客户需求。在数据清洗方面，机器学习算法也可以自动识别并纠正数据中的错误和异常值，提高数据的准确性和可靠性。此外，一些高级的机器学习算法还可以实现自适应学习，即根据新数据不断优化和调整模型参数，以适应市场和环境的变化。这样一来，企业可以更加灵活和高效地管理数据质量，提高数据准确性和应用价值。

（四）加强员工培训和质量意识提升

加强员工培训和质量意识提升，对于确保企业数据质量和准确性具有至关重要的作用。在当今这个数据驱动的时代，数据已经成为企业决策和运营的核心。因此，增强员工的数据素养和意识，建立一种重视数据质量和准确性的企业文化，是企业保持竞争力和持续发展的关键。定期对员工进行数据质量和准确性的培训是非常必要的。这种培训应涵盖数据的重要性、数据质量的标准、数据准确性的要求以及数据处理和管理的最佳实践等方面。通过培训，员工可以更加全面地了解数据在企业运营和决策中的重要性，掌握正确的数据处理和管理方法，提高数据素养和技能水平。此外，培训还可以帮助员工了解各种数据质量和准确性的问题和挑战，并学习如何应对和解决这些问题。这样，员工在日常工作中就能更加关注和维护数据质量，减少数据错误和失真的风险。除了定期培训外，企业还需要建立一种持续学习和改进的文化氛围。在这种文化中，员工被鼓励不断学习新知识、掌握新技能，并在实践中不断改进和优化数据处理和管理流程。企业可以提供各种学习资源和平台，如在线课程、学习小组、实践项目等，支持员工的持续学习和自我提升。

同时，企业还可以设立奖励机制，表彰在数据质量和准确性方面作出杰出贡献的员工，激励更多员工关注和投入数据工作。建立一种重视数据质量和准确性的企业文化是至关重要的。这种文化应强调数据的价值和作用，将数据视为企业的重要资产和战略资源。在这种文化中，员工被要求在日常工作中严格遵守数据质量标准和准确性要求，将数据质量和准确性视为工作的重要组成部分。企业可以通过制订明确的数据政策、流程和规范来引导和约束员工的行为，确保数据的合规性和准确性。同时，企业还可以通过举办各种数据相关的活动和交流会议，增强员工对数据工作的认同感和归属感。为了建立这种重视数据质量和准确性的企业文化，企业需要从高层领导开始树立榜样。高层领导应积极参与数据工作，关注数据质量和准确性的提升，为员工树立正面的榜样。此外，企业还可以邀请业内专家和顾问进行定期的交流和指导，帮助员工了解行业最佳实践和发展趋势，提高数据工作的前瞻性和创新性。加强员工之间的沟通和协作也是提升数据质量和准确性的重要手段。员工之间应建立良好的沟通机制，及时分享数据相关的信息和经验，共同解决数据问题和挑战。企业可以设立专门的数据团队或工作小组，负责统筹和协调数据工作，促进员工之间的合作和协同。通过加强沟通和协作，员工可以更加高效地处理和管理数据，提高数据质量和准确性的整体水平。

（五）建立持续监控和评估机制

持续监控是确保数据质量和准确性的基础。企业应通过专业的数据监控工具或平台，对数据质量进行实时或定期的监控。这些工具可以监测数据的完整性、一致性、准确性、及时性等关键指标，以及数据之间的逻辑关系和业务规则。通过设置合理的警报阈值，企业可以在数据出现异常或错误时及时收到警报，并迅速采取相应措施进行排查和处理。这种持续监控机制有助于企业及时发现并解决数据质量和准确性问题，避免问题积累和放大，从而保障业务的正常运行和决策的准确性。定期评估是提升数据质量和准确性的重要手段。企业应定期对数据质量进行全面评估，包括数据的来源、采集、处理、存储、应用等各个环节。在评估过程中，可以采用数据抽样、对比分析、专家评审等方法，对数据的质量和准确性进行量化评分和定性评价。评估结果不仅可以反映当前数据质量和准确性的水平，还可以揭示存在的问题和改进的方向。通过定期评估，企业可以全面了解数据质量的状况，及时发现问题并制订相应的改进措施，推动数据质量的持续改进和提升。

除了持续监控和定期评估外，将数据质量和准确性纳入企业的绩效考核体系也是确保数据质量得到持续改进和提升的有效途径。企业可以设定明确的数据质量和准确性指标，并将其作为各部门和员工绩效考核的重要组成部分。这样一来，数据质量和准确性就与员工的切身利益紧密相关，员工就会更加关注和重视数据工作，积极参与数据质量的改进和提升活动。同时，企业还可以设立相应的奖励和惩罚机制，对在数据质量和准确性方面表现突出的员工进行表彰和奖励，对存在问题的员工进行督促和整改。通过这种绩效考核和奖惩机制，企业可以形成全员关注数据质量和准确性的良好氛围，推动数据质量的持续改进和提升。建立持续监控和评估机制还需要注重与业务部门的沟通和协作。数据质量和准确性问题往往涉及多个部门和业务流程，需要各部门共同参与和协作解决。因此，企业应建立跨部门的数据质量和准确性沟通机制，定期召开数据质量和准确性会议或工作坊，促进各部门之间的交流和合作。通过这种沟通和协作机制，企业可以更加全面地了解数据质量和准确性问题产生的原因和影响范围，共同制订解决方案并推动实施。同时，还可以促进各部门之间的数据共享和协同工作，提高数据利用效率和价值。

第二节　数字化技术的推广与普及难题

一、技术成本高

（一）设备购置的高昂费用

在奶牛养殖的数字化转型过程中，首先需要投入的就是各种先进的数字化设备。这些设备包括但不限于自动化喂养系统、智能挤奶设备、环境监控系统等。这些高科技设备往往需要大量的资金投入，而且随着技术的更新换代，设备的价格还可能持续上涨。对于资金相对紧张的中小型奶牛养殖场来说，一次性投入大量资金购置这些设备无疑是一个巨大的经济负担。此外，设备的维护和更新也是一笔不小的开支。数字化设备在使用过程中需要进行定期的维护和保养，以确保其正常运行和延长使用寿命。同时，随着技术的发展和市场的变化，设备可能需要进行升级或更新以适应新的需求。这些额外的费用进一步增加了中小型奶牛养殖场的经济压力。

（二）系统开发的高成本

除了设备购置外，奶牛养殖的数字化还需要进行系统的开发。这包括建立数据库、设计用户界面、开发应用程序等。系统开发需要专业的技术人员和大量的时间投入，因此成本往往也很高。对于缺乏技术实力和资金的中小型奶牛养殖场来说，系统开发几乎是一个不可能完成的任务。即使有些奶牛养殖场选择使用市场上现有的数字化养殖系统，也需要支付昂贵的软件购买费用和使用费用。而且，这些系统可能并不完全适合每个养殖场的实际情况，需要进行定制化的开发和调整，这又会增加额外的成本。

（三）人员培训的费用

数字化技术的应用需要相应的人员来操作和管理。然而，许多中小型奶牛养殖场的员工并不具备数字化技术的知识和技能，因此需要进行培训。培训的内容包括数字化设备的操作、系统的使用和维护、数据的分析和处理等方面。培训不仅需要投入大量的人力和物力资源，还需要支付培训师的费用和员工的学习成本。此外，随着数字化技术的不断更新和升级，员工还需要进行持续地学习和进修，以适应新的技术和环境。这意味着中小型奶牛养殖场需要长期投入资金用于员工的培训和教育，这无疑增加了其运营成本和经济负担。

（四）技术更新换代的压力

数字化技术的发展日新月异，新的技术和产品不断涌现。对于中小型奶牛养殖场来说，跟上技术更新的步伐是一个巨大的挑战。一方面，他们需要不断投入资金购置新的设备和系统以保持技术的先进性；另一方面，他们还需要投入时间和精力学习和掌握新的技术知识和技能。这种双重压力使得许多中小型奶牛养殖场在数字化转型的道路上步履维艰。

（五）中小型奶牛养殖场的困境

高昂的技术成本使得许多中小型奶牛养殖场在数字化转型的道路上望而却步。他们面临着资金短缺、技术落后、市场竞争力下降等多重困境。与此同时，大型奶牛养殖场由于资金雄厚、技术先进，能够更容易地实现数字化转型，进一步提高生产效率和降低成本。这使得中小型奶牛养殖场在市场竞争中处于更加不利的地位。

二、奶牛养殖户接受度低

（一）奶牛养殖户的观望态度及其原因

担心新技术带来风险，奶牛养殖是一个高风险、高投入的行业，养殖户对于任何可能增加风险的因素都会持谨慎态度。新技术往往伴随着不确定性，养殖户担心新技术应用后可能会导致奶牛生病、产量下降等问题，从而带来经济损失。这种担忧使得他们在面对新技术时选择了观望，而不是积极尝试。认为新技术操作复杂，难以掌握，许多奶牛养殖户的文化水平不高，对于新技术的理解和掌握存在一定的困难。他们担心新技术操作复杂，需要花费大量时间和精力去学习和掌握，而自己的时间和精力有限，无法兼顾养殖和学习新技术。因此，他们宁愿选择传统的养殖方式，也不愿意尝试新技术。

（二）奶牛养殖户观望态度对数字化技术推广与普及的影响

1. 减缓了数字化技术的推广速度

奶牛养殖户的观望态度使得他们在面对数字化技术时缺乏积极性，这直接影响了数字化技术的推广速度。当养殖户对新技术持观望态度时，他们不会轻易尝试新技术，也不会向其他养殖户推荐新技术。这导致数字化技术在奶牛养殖行业中的传播速度减缓，推广进程受阻。

2. 限制了数字化技术的应用范围

由于奶牛养殖户对新技术持观望态度，数字化技术的应用范围也受到了限制。一些先进的数字化技术可能只在少数大型奶牛养殖场中得到应用，而中小型奶牛养殖场则因为缺乏尝试新技术的勇气和条件而无法享受数字化技术带来的便利和效益。这导致数字化技术在奶牛养殖行业中的应用范围有限，无法充分发挥其潜力。

（三）解决奶牛养殖户观望态度的策略

1. 加强新技术的宣传和培训

针对奶牛养殖户对新技术的不了解和担忧，可以通过加强新技术的宣传和培训来提高他们的认知度和接受度。通过举办培训班、召开研讨会、制作宣传材料等方式，向养殖户介绍数字化技术的原理、优势和应用案例，让他们了解新技术带来的好处和便利。同时，还可以邀请专家学者和成功案例者分享经验，为养殖户提供指导和帮助，增强他们的信心和兴趣。

2. 提供技术支持和售后服务

为了消除奶牛养殖户对新技术操作复杂的担忧，可以提供完善的技术支持和售后服务。在技术应用过程中，安排专业技术人员为养殖户提供指导和帮助，解答他们在使用过程中遇到的问题和困难。同时，建立健全的售后服务体系，确保养殖户在使用数字化技术时能够得到及时、有效的支持和服务。这可以降低养殖户的技术应用难度和风险，提高他们的接受度和满意度。

3. 建立示范点和推广基地

为了让奶牛养殖户更直观地了解数字化技术的应用效果和优势，可以建立示范点和推广基地。在这些示范点和推广基地中，展示数字化技术在奶牛养殖各个环节中的应用和成果，让养殖户亲身感受和体验新技术带来的好处。同时，还可以组织养殖户到示范点和推广基地进行参观学习，促进他们之间的交流和合作，推动数字化技术在奶牛养殖行业中的普及和应用。

4. 政策引导和激励

政府可以通过政策引导和激励措施来推动奶牛养殖户积极应用数字化技术。例如，设立专项资金支持数字化技术的研发和推广工作；对积极应用数字化技术的奶牛养殖场给予一定的补贴和奖励；加强与金融机构的合作，为奶牛养殖场提供优惠贷款等金融支持等。这些政策引导和激励措施可以降低奶牛养殖户应用数字化技术的成本和风险，提高他们的积极性和参与度。

三、技术应用难度大

（一）饲养管理的数字化技术与挑战

在规模化奶牛养殖中，饲养管理是一个至关重要的环节。传统的饲养方式往往依赖于人工经验和直觉，但随着科技的发展，数字化技术为饲养管理带来了革命性的变革。通过引入先进的饲养管理系统，奶牛场可以实现饲料的精确投喂、自动化喂养以及实时监控等功能。然而，这些数字化技术的应用并非易事。首先，精确的饲料投喂量和投喂时间的控制对于许多养殖户来说是一个巨大的挑战。不同的奶牛品种、生长阶段和健康状况需要不同的饲料配方和投喂策略。为了实现精确控制，养殖户需要掌握专业的饲养知识和技能，并能够根据奶牛的实际需求进行灵活调整。这对于许多缺乏专业知识和经验的养殖户来说是一个不小的难题。此外，自动化喂养系统的引入也需要养殖户具备一定的技术能力和操作能力。这些系统通常涉及复杂的机械设备和电子控制系统，需要专业人员进行安装、调试和维护。同时，养殖户还需要接受相关的培训和教育，以掌握系统的操作方法和注意事项。这对于一些缺乏技术背景和人力资源的中小型奶牛场来说是一个不小的挑战。

（二）疫病防治的数字化技术与难度

疫病防治是奶牛养殖中的另一个重要环节。传统的疫病防治方式往往依赖于人工观察和诊断，但这种方式存在着效率低下和误诊率高的问题。数字化技术的引入为疫病防治提供了新的解决方案，如智能诊断系统、远程监控和疫情预警等。然而，这些数字化技术的应用同样面临着一定的难度。首先，智能诊断系统需要收集和处理大量的奶牛健康数据，包括体温、呼吸频率、反刍次数等。这些数据需要通过传感器和监控设备进行实时采集和传输，但在实际操作中可能会受到环境干扰、设备故障等因素的影响，导致数据的准确性和完整性受到影响。其次，远程监控和疫情预警系统的建立需要完善的网络基础设施和信息共享机制。但在一些偏远地区或发展中国家，网络覆盖率和数据传输速度可能受到限制，使得这些系统的应用受到一定的限制。此外，不同奶牛场之间的信息共享和协作也需要建立统一的标准和规范，以确保信息的准确性和及时性。

（三）繁殖育种的数字化技术与挑战

繁殖育种是奶牛养殖中的另一个关键环节。通过引入数字化技术，如基因测序、遗传评估和智能选种等，可以提高奶牛的繁殖效率和遗传品质。但繁殖育种的数字化技术应用同样面临着一定的难度。首先，基因测序和遗传评估需要专业的实验室设备和技术人员支持。这些设备和人员通常需要大量的资金投入和长期地培养，对于许多中小型奶牛场来说是一个不小的负担。其次，智能选种系统的建立需要收集和处理大量的奶牛生产性能和遗传信息数据。这些数据需要通过专业的软件进行分析和评估，以制订出科学的选种策略。但在实际操作中，数据的收集、处理和分析可能会受到多种因素的影响，如数据质量、分析方法等，导致选种结果的准确性和可靠性受到一定程度的影响。

四、缺乏专业人才

（一）数字化技术的专业性与知识技能要求

数字化技术作为当今科技发展的产物，其应用已渗透到各行各业，奶牛养殖也不例外。数字化技术为奶牛养殖带来了更高效、精确的管理方式，但同时也对应用者提出了一定的专业知识和技能要求。首先，数字化技术涉及大量的数据分析、算法应用以及软硬件操作等内容。要想充分发挥数字化技术在奶牛养殖中的作用，使用者不仅需要具备基本的计算机操作能力，还需要对奶牛养殖的各个环节有深入的了解，能够根据实际需求选择合适的数字化工具和方法。此外，数字化技术的应用还需要具备一定的创新思维和问题解决能力。在实际应用中，可能会遇到各种预料之外的问题和挑战，这就要求使用者能够灵活应对，及时调整策略，确保数字化技术的顺利实施。

（二）奶牛养殖场专业人才缺乏的现状

目前许多奶牛养殖场在数字化技术的应用上面临着专业人才缺乏的困境。一方面，由于奶牛养殖行业的特殊性，许多具备数字化技术知识和技能的人才并不愿意从事这一行业；另一方面，在现有的奶牛养殖从业人员中，很多人缺乏必要的数字化技术知识和技能，难以胜任数字化技术的应用和推广工作。这种专业人才缺乏的现状，不仅限制了数字化技术在奶牛养殖中的应用范围，也影响了数字化技术的推广速度。许多先进的数字化技术和理念无法在奶牛养殖中得到有效地应用和实施，导致奶牛养殖的效率和质量无法得到进一步地提升。

（三）专业人才缺乏的原因分析

造成奶牛养殖场专业人才缺乏的原因是多方面的。首先，从行业角度来看，奶牛养殖行业相对较为封闭和保守，与外界的交流和合作较少，这导致行业内的人才流动性和更新速度较慢。同时，由于奶牛养殖行业的工作环境和待遇相对较差，很难吸引到具备数字化技术知识和技能的高端人才。其次，从教育和培训角度来看，目前针对奶牛养殖行业的数字化技术教育和培训资源相对匮乏。许多从业人员缺乏接受系统教育和培训的机会，无法及时获取和掌握最新的数字化技术和知识。同时，由于教育和培训资源的不足，也限制了奶牛养殖场自主培养专业人才的能力。

（四）解决策略与建议

为了解决奶牛养殖场专业人才缺乏的问题，可以从以下几个方面入手。首先，加强行业内外的交流与合作。通过与其他行业、科研机构或高校的合作与交流，引进先进的数字化技术和理念，同时吸引更多的外部人才加入奶牛养殖行业中来。其次，提高从业人员的数字化技术知识和技能水平。通过定期举办培训班、研讨会等活动，加强对从业人员的数字化技术教育和培训。同时，鼓励从业人员自主学习和进修，提高自身的数字化技术知识和技能水平。再次，建立完善的人才引进和激励机制。通过提高薪酬待遇、提供职业发展机会等措施，吸引更多的具备数字化技术知识和技能的人才加入奶牛养殖行业中来。同时，建立完善的激励机制，鼓励现有从业人员积极学习和应用数字化技术。最后，加强政策扶持和引导。政府可以通过出台相关政策，加强对奶牛养殖行业数字化技术应用的扶持和引导。例如，设立专项资金支持奶牛养殖场的数字化技术改造和升级；对积极应用数字化技术的奶牛养殖场给予一定的税收减免或补贴等优惠政策等。

五、数据安全和隐私保护问题

（一）数据的重要性与价值

在数字化技术的广泛应用下，奶牛养殖已不再是传统的依赖经验和直觉的管理方式。如今，通过数字化工具和设备，奶牛养殖场能够实时收集到大量的数据，包括奶牛的生长情况、饲料消耗、疫病防治记录、繁殖育种信息等。这些数据不仅为奶牛养殖场提供了科学决策的依据，还有助于提高生产效率、降低运营成本、提升奶牛健康水平以及优化产品质量。数据的价值在于其能够为奶牛养殖场带来精准的管理和决策支持。例如，通过分析奶牛的生长数据，可以制订出更为合理的饲养计划，确保奶牛获得最佳的营养配比；通过疫病防治记录的统计和分析，可以及时发现潜在的疫情风险，采取有效的防控措施，避免疫病的暴发和扩散；而繁殖育种信息的数据化管理，则有助于筛选出优良的遗传基因，提高后代的生产性能和健康水平。

（二）数据安全和隐私保护面临的挑战

然而，在数字化技术的应用过程中，数据安全和隐私保护问题也日益凸显。由于奶牛养殖场的数据涉及生产经营的各个方面，一旦泄露或被滥用，可能会对奶牛养殖场的运营造成严重的损失和影响。首先，数据泄露的风险不容忽视。在数字化环境下，数据的传输、存储和处理都面临着被非法获取和篡改的风险。一旦黑客或恶意用户突破了奶牛养殖场的网络安全防线，就可能窃取到敏感数据，如奶牛的疫病防治记录、繁殖育种信息等。这些数据一旦泄露，不仅可能导致奶牛养殖场的商业机密被曝光，还可能引发公众对奶牛养殖场产品质量和安全性的质疑。其次，数据滥用也是一个值得关注的问题。在一些情况下，奶牛养殖场的数据可能会被用于不正当的目的，如进行价格操纵、市场垄断等。此外，如果数据被滥用于广告投放、骚扰电话等方面，也会对奶牛养殖场和消费者造成不必要的困扰和损失。

（三）数据安全和隐私保护的策略与建议

1. 加强网络安全防护

奶牛养殖场在数字化时代面临着前所未有的数据安全和隐私保护挑战。为了确保奶牛生长情况、疫病防治记录、繁殖育种信息等关键数据不被非法获取、篡改或滥用，建立完善的网络安全体系至关重要。这一体系应涵盖多重安全防护措施，其中防火墙是首道防线，能够过滤和阻挡来自外部网络的恶意访问和攻击；入侵检测系统则能够实时监控网络流量，及时发现并报警异常行为，为快速响应提供宝贵时间；而数据加密技术则能确保即使数据在传输或存储过程中被截获，也无法被轻易解密和窃取。除了这些基础防护措施外，奶牛养殖场还需要定期进行全面的网络设备和系统安全检查。这些检查不仅包括硬件和软件的安全性评估，还涉及网络配置、用户权限、系统日志等多个方面，以确保没有安全漏洞可供黑客利用。同时，针对检查中发现的问题和漏洞，必须及时进行修补和更新，以消除潜在的安全隐患。此外，奶牛养殖场还应建立严格的安全管理制度和应急响应机制，明确各岗位人员的安全职责和操作规范，确保在发生安全事件时能够迅速、有效地应对，最大限度地减少损失和影响。通过这些综合措施的实施，奶牛养殖场可以构建一个更加坚固、可靠的网络安全体系，为数字化技术的广泛应用提供有力的保障。

2. 制订严格的数据访问和使用制度

在处理敏感数据时，奶牛养殖场必须采取极为谨慎和严格的管理措施。首要之务是明确数据的访问和使用权限，这意味着不是所有人员都可以随意查看或操作这些数据。为此，奶牛养殖场应建立起一套完整且严格的数据访问和使用审批流程。

这一流程需要明确规定哪些数据属于敏感范畴，哪些人员有资格申请访问，以及访问的目的、时长和方式等细节。当有人员需要访问或使用敏感数据时，他们必须按照这一流程提交详细的申请，说明访问数据的理由、所需数据的范围以及预计的使用方式。这些申请随后应经过相关部门的仔细审查和评估，确保申请者的身份合法、目的正当，并且他们的操作不会对数据的完整性和安全性构成威胁。只有经过这一严格审批流程并获得明确授权的人员，才能被允许访问和使用敏感数据。这样的管理措施不仅有助于防止数据被非法获取，还能有效避免数据被滥用或用于不正当的目的。通过这一制度的确立和执行，奶牛养殖场可以确保其宝贵的数据资源得到最大程度地保护，从而为奶牛的健康养殖和养殖场的稳健运营提供坚实的数据安全保障。

3. 加强员工培训和安全意识教育

奶牛养殖场在保障数据安全和隐私保护方面，不仅要依靠技术手段和外部防护，更要重视内部员工的教育和管理。因此，定期为员工开展数据安全和隐私保护方面的培训和教育显得尤为重要。通过这些培训，员工能够深刻理解数据的重要性和敏感性，明白自己在数据保护中的责任和义务，从而增强自身的安全意识和操作技能。培训内容可以包括密码管理、数据备份、防止网络钓鱼等基础知识，以及针对奶牛养殖行业特定的数据保护要求。同时，奶牛养殖场还需要加强对员工行为的监控和管理。这并不意味着对员工的不信任，而是为了确保数据安全的最后一道防线不被突破。通过合理的监控手段，如日志审计、网络行为分析等，可以及时发现和纠正员工在数据处理中的不当行为，防止因疏忽或恶意导致的数据泄露或滥用。此外，养殖场还应建立严格的员工行为规范和数据使用准则，明确告知员工哪些行为是允许的，哪些是绝对禁止的，以及违反规定将面临的严重后果。通过这些措施的实施，奶牛养殖场可以构建起一个从内到外、从技术到管理的全方位数据安全保障体系，确保奶牛养殖过程中的各项数据得到最大程度地保护，为养殖场的可持续发展提供坚实的支撑。

4. 与第三方合作进行数据安全管理

在数字化时代背景下，奶牛养殖场面临的数据安全挑战越发严峻，单靠养殖场自身的力量往往难以应对。因此，寻求外部专业支持成为一种明智的选择。奶牛养殖场完全可以考虑与专业的数据安全服务商建立紧密的合作关系，共同制订出一套贴合实际、切实可行的数据安全管理方案。这些专业的数据安全服务商通常拥有丰富的行业经验和先进的技术手段，能够针对奶牛养殖场的特定需求和风险点，提供包括数据加密、备份、恢复在内的全方位服务。数据加密可以有效防止数据在传输和存储过程中被非法窃取或篡改，确保数据的机密性和完整性；数据备份则能够在数据丢失或损坏时迅速恢复，保证业务的连续性和稳定性；而数据恢复服务则能在遭遇意外情况时最大限度地减少损失，帮助奶牛养殖场尽快恢复正常运营。通过与这些专业机构的合作，奶牛养殖场不仅可以获得技术层面的支持和保障，更能借助其丰富的行业经验和专业知识，提升自身的数据安全意识和应对能力。这种合作模式有助于奶牛养殖场在复杂多变的网络安全环境中稳健前行，确保宝贵的数据资源得到最大程度地保护和利用，为奶牛养殖业的可持续发展奠定坚实的基础。

第三节　奶牛养殖业的特殊性对数字化评估的影响

一、奶牛养殖的特殊性

（一）奶牛生长周期的特殊性及对数字化评估的影响

奶牛的生长周期较长，从出生到成熟产奶，再到淘汰，每个阶段都有其特定的生理需求和管理要求。这一特性对数字化评估产生了显著影响。数字化评估系统需要覆盖奶牛的全生命周期，以确保数据的连续性和完整性。这意味着评估系统不仅要关注奶牛产奶期的生产性能，还要关注其生长、繁殖、健康等各个方面的数据。这样的全周期管理有助于实现精细化养殖，提高奶牛的生产效率和健康水平。由于奶牛生长周期的不同阶段需求各异，数字化评估系统需要具备灵活性和可定制性。例如，在生长阶段，系统需要关注奶牛的体重增长、饲料转化率等指标；而在产奶期，则需要关注产奶量、乳脂率、乳蛋白率等生产性能指标。因此，评估系统需要能够根据养殖场的实际需求进行定制，以满足不同阶段的管理需求。奶牛生长周期的长期性也对数字化评估系统的稳定性和可靠性提出了更高要求。由于奶牛养殖是一个长期的过程，评估系统需要能够持续、稳定地运行，以确保数据的准确性和一致性。同时，系统还需要具备强大的数据处理和分析能力，以便及时发现并解决养殖过程中出现的问题。

（二）奶牛养殖环境依赖性的特殊性及对数字化评估的影响

奶牛养殖对环境因素的依赖性较强，如温度、湿度、空气质量、饲料质量等都会对奶牛的健康和生产性能产生影响。这一特性也对数字化评估产生了重要影响。数字化评估系统需要实时监测和记录环境因素的变化，以便及时调整养殖管理措施。例如，在高温高湿的环境下，奶牛容易出现热应激反应，导致产奶量下降和健康状况恶化。通过实时监测环境温湿度等数据，评估系统可以及时发现这些问题并提醒养殖人员采取降温降湿措施，以保障奶牛的健康和生产性能。环境因素的变化对奶牛养殖的经济效益也有显著影响。例如，饲料质量的波动会直接影响到奶牛的产奶量和乳品质量，进而影响到养殖场的收益。因此，数字化评估系统需要具备对饲料质量等环境因素的评估和分析能力，以帮助养殖场制订合理的饲料采购和使用计划，降低养殖成本并提高经济效益。

（三）奶牛养殖业疫病风险的特殊性及对数字化评估的影响

疫病防控和治疗是奶牛养殖的重要组成部分。数字化评估系统在疫病防控方面发挥着重要作用。首先，系统可以通过实时监测奶牛的健康数据（如体温、食欲、活动量等），及时发现异常情况并预警可能的疫病风险。这有助于养殖场及时采取隔离和治疗措施，防止疫病的扩散和蔓延。其次，数字化评估系统还可以根据历史数据和疫病流行规律进行预测分析，为养殖场制订科学的疫病防控策略提供依据。例如，系统可以根据历史发病数据和气候变化趋势预测某一时段内可能发生的疫病类型及风险等级，从而指导养殖场提前采取针对性的预防措施。

（四）奶牛养殖业市场波动影响的特殊性及对数字化评估的影响

奶牛养殖业的投入产出比受市场波动影响较大。原料价格（如饲料、兽药等）、奶制品市场需求以及国际市场价格波动等都会直接影响到养殖场的经济效益。数字化评估系统在市场分析方面也具有重要作用。首先，系统可以实时收集和分析市场价格信息，为养殖场提供及时准确的市场动态报告。这有助于养殖场把握市场机遇和规避风险，制订合理的生产和销售计划。其次，数字化评估系统还可以根据历史数据和市场趋势进行经济效益预测。通过模拟不同市场条件下的养殖成本和收益情况，系统可以帮助养殖场制订更加科学合理的经济决策，如调整存栏结构、优化饲料配方等。这有助于提高养殖场的抗风险能力和经济效益。

二、对数字化评估的影响

（一）数据收集与处理难度增加

1. 奶牛养殖业特殊性对数据需求的影响

（1）生长数据的多样性。奶牛的生长数据是数字化评估的重要依据之一。然而，由于奶牛的生长周期较长，且每个阶段的生长特点和营养需求都不同，因此需要收集的数据类型也非常多样。例如，需要定期测量奶牛的体重、体尺等指标，以评估其生长发育情况；同时，还需要记录奶牛的饲料消耗量、饮水量等数据，以分析其营养摄入和健康状况。这些数据的多样性对数字化评估系统的数据收集和处理能力提出了更高的要求。

（2）环境数据的复杂性。奶牛养殖对环境因素的依赖性较强，因此环境数据也是数字化评估中不可或缺的一部分。然而，环境因素（如温度、湿度、空气质量等）不仅受到养殖场内部条件的影响，还与外部环境密切相关。此外，不同地区的环境条件也存在差异，这进一步增加了环境数据的复杂性。为了准确反映环境因素对奶牛养殖的影响，数字化评估系统需要具备实时监测和记录环境数据的能力，并能够对这些数据进行有效地整合和分析。

（3）疫病数据的敏感性。疫病是奶牛养殖业中不可忽视的风险因素之一。疫病数据在数字化评估中具有极高的敏感性。为了及时发现和控制疫病风险，数字化评估系统需要实时监测和记录奶牛的健康状况，包括体温、食欲、精神状态等指标；同时，还需要收集和分析养殖场内的疫病发生情况、治疗措施等数据。这些数据的准确性和完整性对于制订有效的疫病防控策略至关重要。

2. 奶牛养殖业特殊性对数据处理的挑战

（1）数据准确性和完整性的保障难度。在实际操作中，由于设备故障、人为失误等原因，数据的准确性和完整性往往难以保证。例如，测量设备可能存在误差或漂移现象，导致收集到的数据与实际值存在偏差；人为操作失误也可能导致数据记录错误或遗漏。这些因素都会影响数字化评估结果的准确性和可靠性。为了克服这些困难，需要采用先进的数据采集技术和校验机制，以确保数据的准确性和完整性。同时，还需要加强对操作人员的培训和管理，提高其数据意识和操作技能。

（2）数据格式和标准的不统一性。不同来源的数据可能存在格式不统一、标准不一致等问题，给数据整合和分析带来困难。例如，不同厂家生产的测量设备可能采用不同的数据格式和标准；不同养殖场也可能有不同的数据记录和管理方式。这些因素都会导致数据之间的不兼容性和难以整合的问题。为了解决这些问题，需要制订统一的数据格式和标准规范，并推广到整个行业中。同时，还需要开发具备数据转换和整合功能的数字化评估系统，以实现不同来源数据的无缝对接和高效利用。

3. 先进数据采集技术和标准化处理方法的应用

为了克服奶牛养殖业特殊性对数字化评估数据需求和处理的挑战，需要采用先进的数据采集技术和标准化处理方法。具体而言，可以从以下几个方面入手。

（1）引入智能化测量设备。智能化测量设备具有高精度、高可靠性、可自动校准等特点，可以大大提高数据收集的准确性和效率。例如，采用智能体重秤可以自动测量奶牛的体重并记录数据；采用智能环境监测仪可以实时监测和记录养殖场内的温度、湿度等环境指标。这些设备的应用可以减少人为操作失误和设备误差对数据准确性的影响。

（2）制订统一的数据格式和标准规范。制订统一的数据格式和标准规范是实现不同来源数据无缝对接和高效利用的基础。通过制订统一的数据字典、编码规则、传输协议等规范，可以确保不同厂家生产的设备和不同养殖场记录的数据能够按照统一的标准进行格式化和传输。这有助于降低数据整合和分析的难度，提高数字化评估的效率和准确性。

（3）加强数据校验和质量控制。在数据采集和处理过程中，需要加强数据校验和质量控制措施。例如，可以采用多次测量取平均值的方法来降低偶然误差的影响；可以采用数据范围检查、逻辑判断等方法来识别和纠正异常数据；还可以定期对测量设备进行校准和维护，以确保其准确性和稳定性。这些措施有助于提高数据的可靠性和可用性。

（二）评估模型的复杂性和不确定性增加

1. 奶牛养殖业特殊性对数字化评估模型构建的挑战

（1）生长模型的复杂性。奶牛的生长过程涉及多个阶段，每个阶段的营养需求、环境适应性等因素都有所不同。因此，在构建生长模型时，需要充分考虑这些因素对奶牛生长的影响。例如，不同生长阶段的奶牛对饲料类型、营养成分的需求量存在差异，这就要求模型能够根据奶牛的生长阶段和营养需求进行动态调整。此外，环境因素（如温度、湿度等）也会对奶牛的生长产生影响，这些因素需要在模型中得到体现。

（2）疫病模型的多元性。疫病是奶牛养殖业中不可忽视的风险因素之一。在构建疫病模型时，需要考虑病原体的传播方式、感染率、治愈率等多元因素。这些因素之间相互作用，使得疫病模型的构建变得更加复杂。例如，不同病原体的传播方式可能存在差异，这就要求模型能够准确描述病原体的传播过程；同时，感染率和治愈率也受到多种因素的影响，如奶牛品种、年龄、免疫状态等，这些因素需要在模型中得到充分考虑。

（3）经济模型的不确定性。奶牛养殖业的经济效益受到市场价格波动、政策变化等多种因素的影响。这些因素的不确定性使得经济模型的构建变得更加困难。例如，市场价格波动可能导致养殖成本的变化，进而影响养殖场的经济效益；政策变化也可能对养殖场的运营产生影响，如补贴政策、税收政策等。为了准确反映这些因素对经济效益的影响，经济模型需要具备处理不确定性的能力。

2. 先进建模技术和优化算法的应用

为了克服奶牛养殖业特殊性对数字化评估模型构建的挑战，需要采用先进的建模技术和优化算法。具体而言，可以从以下几个方面入手。首先，动态生长模型的构建。针对奶牛生长模型的复杂性，可以采用动态建模技术来描述奶牛的生长过程。通过引入时间变量和状态变量，可以建立描述奶牛生长过程的动态方程。这些方程可以根据奶牛的生长阶段和营养需求进行动态调整，从而更准确地模拟奶牛的生长过程。此外，还可以采用数据驱动的方法，利用历史数据对模型进行训练和验证，以提高模型的精度和可靠性。其次，多因素疫病模型的构建。针对疫病模型的多元性，可以采用多因素建模技术来描述病原体的传播过程、感染率和治愈率等因素。通过引入相关变量和参数，可以建立描述疫病传播和感染过程的数学模型。这些模型可以考虑多种因素对疫病传播和感染的影响，从而更准确地预测和控制疫病的发生和传播。同时，还可以采用基于机器学习的方法，利用历史数据对模型进行学习和优化，以提高模型的预测精度和防控效果。最后，不确定性经济模型的构建。针对经济模型的不确定性，可以采用不确定性建模技术来处理市场价格波动、政策变化等因素对经济效益的影响。通过引入随机变量和概率分布等概念，可以建立描述经济效益不确定性的数学模型。这些模型可以考虑多种因素对经济效益的影响，并给出相应的概率分布和置信区间等统计指标。此外，还可以采用基于优化算法的方法，对模型进行求解和优化，以找到最优的养殖策略和决策方案。

（三）对技术和人才的需求更高

1. 奶牛养殖业的特殊性对数字化评估系统的技术要求

（1）多学科知识融合。奶牛养殖涉及奶牛生长学、兽医学、环境科学等多学科的知识。数字化评估系统需要将这些知识融合起来，以形成一个全面、系统的评估体系。例如，生长学知识可以帮助我们了解奶牛的生长规律和营养需求；兽医学知识可以帮助我们预防和治疗奶牛疾病；环境科学知识则可以帮助我们优化养殖环境，提高奶牛的生产性能。这些知识的融合需要评估系统具备跨学科整合的能力，以确保评估结果的准确性和全面性。

（2）多种技术应用掌握。数字化评估系统需要熟悉并掌握各种传感器、数据采集设备、分析软件等技术的应用。传感器可以用于实时监测奶牛的健康状况、环境参数等；数据采集设备则可以用于收集奶牛的生长数据、饲料消耗数据等；分析软件则可以对这些数据进行处理和分析，以提取有用的信息。评估系统需要熟练掌握这些技术的应用，以确保数据的准确性和可靠性。

（3）人工智能技术运用。随着人工智能技术的不断发展，数字化评估系统也需要具备数据挖掘、机器学习等人工智能技术的能力。数据挖掘可以帮助我们从海量数据中提取出有价值的信息；机器学习则可以让评估系统具备自主学习和优化的能力，以提高评估的准确性和效率。这些技术的应用需要评估系统具备相应的人工智能技术基础，以实现智能化评估。

2. 奶牛养殖业的特殊性对数字化评估系统的人才要求

（1）丰富的实践经验。奶牛养殖业的实践性强，要求数字化评估系统的人才具备丰富的实践经验。这些人才需要深入了解奶牛养殖的实际操作和管理流程，熟悉各种设备和技术的应用，以便更好地理解和分析数据，提出有针对性的评估建议。实践经验的积累需要人才在奶牛养殖场进行长期的实地工作和学习，与养殖人员紧密合作，共同解决实际问题。

（2）创新能力。奶牛养殖业的创新性较强，要求数字化评估系统的人才具备创新能力。这些人才需要不断探索新的评估方法和技术应用，以适应养殖业的发展变化。例如，可以尝试将先进的物联网技术、大数据技术、云计算技术等引入评估系统中，以提高评估的智能化水平。创新能力的培养需要人才具备开放的思维和敏锐的洞察力，能够及时发现并抓住创新的机会。

（3）加大技术研发和人才培养的投入力度。为了满足奶牛养殖业的特殊性对数字化评估系统的技术与人才要求，必须加强技术研发和人才培养的投入力度。首先，需要加大科研投入，支持高校、科研机构等开展奶牛养殖数字化评估相关的基础研究和应用研究。其次，需要加强企业与高校、科研机构等的合作，推动产学研一体化发展，加快科技成果的转化和应用。最后，需要重视人才培养工作，通过设立奖学金、实习基地等方式吸引更多优秀人才投身于奶牛养殖数字化评估事业。

第七章　数字化评估与智能决策支持系统

第一节　智能决策支持系统的基本概念与原理

一、智能决策支持系统基本概念

智能决策系统（IDSS）的出现，为决策者提供了一种全新的、智能化的决策支持方式，旨在提高决策效率和质量，降低决策风险，帮助决策者更好地应对复杂多变的决策环境。IDSS通过先进的数据分析和挖掘技术，能够帮助决策者迅速准确地识别出关键问题。在决策过程中，问题的识别是至关重要的第一步。只有明确了问题，才能有针对性地寻找解决方案。IDSS能够从海量的数据中提取出关键信息，通过智能化的分析，帮助决策者快速定位问题的本质和核心，为后续的决策过程奠定坚实的基础。IDSS能够基于决策目标和约束条件，自动生成多个可行的决策方案。在传统的决策过程中，方案的生成往往依赖于决策者的经验和直觉，具有很大的主观性和不确定性。而IDSS则通过运用优化算法、机器学习等技术，能够在短时间内生成多个符合要求的决策方案，为决策者提供更多的选择空间。

同时，IDSS还能够对生成的决策方案进行科学地评价。评价一个决策方案的好坏，需要综合考虑多个因素，包括方案的可行性、效果、成本等。IDSS通过构建全面的评价体系，运用多属性决策分析等方法，能够对各个方案进行客观、准确地评价，帮助决策者更好地了解每个方案的优缺点，为最终的选择提供依据。

IDSS能够为决策者提供方案选择的支持。在多个可行的决策方案中，选择一个最优的方案是决策者的最终目标。然而，在实际操作中，往往存在信息不对称、时间紧迫等限制条件，使得决策者难以做出明智的选择。IDSS通过提供全面的信息支持和智能化的决策建议，能够帮助决策者克服这些困难，做出更加理性、科学的决策。总的来说，IDSS通过为决策者提供问题识别、方案生成、方案评价、方案选择等全过程的支持，极大地提高了决策的效率和质量。它能够帮助决策者更加全面、深入地了解问题，提供更加科学、可行的解决方案，降低决策的风险和不确定性。在复杂多变的决策环境中，IDSS无疑成为决策者的得力助手，为企业和组织的持续发展提供了有力的保障。

二、智能决策支持系统原理

（一）数据收集与处理

在数据收集方面，IDSS展现了其多样性和灵活性的特点。它可以通过各种传感器实时捕捉环境中的物理量变化，如温度、湿度、压力等，这些数据对于某些特定决策至关重要。同时，IDSS还能够从庞大的数据库中提取历史数据，这些数据记录了过去的交易、事件和趋势，为决策者提供宝贵的参考信息。此外，网络爬虫也是IDSS获取数据的重要手段之一，它们能够在互联网上自动抓取和解析网页内容，从而获取大量的公开信息，如新闻、社交媒体动态、市场报告等。然而，收集到的原始数据往往是不规则、不完整甚至含有噪声的，这就需要对数据进行预处理和清洗。预处理的主要目的是将数据转换成适合分析的格式，这包括数据类型的转换、缺失值的填充、异常值的处理等。例如，对于缺失值，IDSS可以采用插值法、回归法或基于机器学习的方法进行合理填充；对于异常值，则可以通过统计检验、聚类分析或异常检测算法进行识别和剔除。这包括去除重复记录、纠正拼写错误、处理不一致的日期格式等。除了预处理和清洗外，数据整合也是IDSS中不可或缺的一步。

在实际应用中，收集到的数据往往来自不同的源和格式，这就需要将它们整合到一个统一的数据仓库或数据湖中，以便进行跨源分析和挖掘。数据整合涉及数据的对齐、合并和转换等操作，旨在消除数据间的冗余和冲突，建立起数据之间的关联和映射关系。通过数据整合，IDSS能够将分散在各个角落的数据资源汇聚起来，形成一个全面、统一和可查询的数据视图，为决策者提供一个全局性的数据洞察能力。在数据收集与处理的过程中，IDSS还注重数据的安全性和隐私保护。它采用了一系列的安全措施和技术手段来确保数据的机密性、完整性和可用性。例如，对于敏感数据，IDSS可以进行脱敏处理或加密存储；对于访问权限，则可以进行严格的身份认证和授权控制；对于数据传输和存储过程，也可以采用安全协议和加密算法来防止数据泄露和篡改。

（二）问题识别与分析

自然语言处理技术是IDSS在问题识别与分析中的一项核心

技术。在决策过程中，决策者通常以自然语言的形式提出问题，这些问题往往包含着复杂的语义和上下文信息。IDSS 利用自然语言处理技术，如词法分析、句法分析、语义理解等，对决策者提出的问题进行深度解析，准确理解问题的含义和意图。这种理解能力使得 IDSS 能够自动地提取出问题的关键信息，如决策对象、决策目标、决策条件等，为后续的问题分析和方案生成提供有力的支持。除了自然语言处理技术外，模式识别技术也在 IDSS 的问题识别与分析中发挥着重要作用。模式识别是一种通过学习和识别数据中的模式和规律来作出决策的技术。在 IDSS 中，模式识别技术被用于从大量的历史数据和案例中寻找与当前问题相似的模式和情境。通过比较和分析这些相似模式和情境的解决方案和结果，IDSS 能够为当前问题提供有价值的参考和启示。这种基于模式识别的分析方法使得 IDSS 能够在处理复杂问题时更加高效和准确。在问题识别与分析的过程中，IDSS 还需要明确决策目标和约束条件。IDSS 通过自然语言处理和模式识别技术，能够准确地识别出决策者所设定的决策目标，并将其转化为可量化或可操作的指标。同时，IDSS 还会考虑到决策过程中可能遇到的各种约束条件，如资源限制、时间限制、法规政策等。这些约束条件会对决策方案的选择和实施产生重要影响，因此必须在问题识别与分析阶段就进行充分考虑。

三、智能决策支持系统关键技术

（一）人工智能技术

当决策者从 IDSS 提供的多个可行方案中选择出最优方案后，IDSS 的首要任务是将这一选择转化为具体的执行指令。这些指令需要详细而明确，能够直接指导相关执行主体进行具体操作。为了实现这一目标，IDSS通常会根据决策方案的具体内容和要求，结合实际情况和执行主体的能力特点，制订出一套完整、可操作的执行计划。该计划不仅包括具体的执行步骤和时间节点，还会明确各执行主体的职责和任务分工，确保整个执行过程能够有条不紊地进行。然而，仅仅将决策转化为执行指令还远远不够。在决策执行过程中，各种不可预见的情况和突发事件随时可能发生，这些都可能对决策的执行效果和最终结果产生重大影响。因此，IDSS还需要对决策执行过程进行全面而细致地监控。这种监控不仅包括对执行进度的跟踪和把握，还需要对执行过程中出现的问题和异常情况进行及时发现和处理。

为了实现这一目标，IDSS通常会利用各种先进的技术和工具（如物联网、大数据、人工智能等）对执行过程进行实时监测和数据分析。通过这些监测和分析，IDSS能够及时发现执行过程中的偏差和问题，为决策者提供及时、准确的反馈信息。实时反馈执行情况是IDSS在决策执行与监控过程中的又一重要职责。决策者需要及时了解决策的执行情况和实际效果，以便根据实际情况进行必要的调整和优化。因此，IDSS需要建立一套高效、准确的反馈机制，确保决策者能够随时掌握决策的最新进展和实际情况。这种反馈机制通常包括定期的报告和会议、实时的数据展示和分析等多种形式。通过这些反馈机制，决策者不仅能够及时了解决策的执行情况，还能够对执行效果进行定量和定性地评估，为后续的决策调整提供有力支持。

（二）大数据分析技术

数据挖掘是大数据分析技术中的一项重要技术。它通过对大量数据进行深入探索和分析，挖掘出隐藏在数据中的模式、规律和趋势。这些模式和规律可能对于决策者来说具有极大的价值，能够帮助他们洞察市场动态、了解客户需求、优化业务流程等。例如，在零售行业，通过数据挖掘技术可以发现顾客的购买偏好和消费习惯，从而为商品陈列、促销策略等提供科学依据。关联分析是大数据分析中的另一种常用技术。它主要用来发现数据集中不同项之间的有趣关系。这些关系可能表现为一项的出现预示着另一项的出现，或者某些项的组合频繁地出现在一起。通过关联分析，决策者可以了解到不同因素之间的相互影响和依存关系，从而为决策制订提供更加全面的视角。例如，在市场营销中，关联分析可以帮助企业发现不同产品之间的销售关联性，从而制订更加精准的产品捆绑销售策略。聚类分析也是大数据分析技术中不可或缺的一部分。它能够将大量数据按照某种相似性度量进行分组，使得同一组内的数据尽可能相似，而不同组之间的数据尽可能不同。通过聚类分析，决策者可以将复杂的数据集简化为若干个具有代表性的类别或群体，从而更好地理解和把握数据的整体结构和分布特征。例如，在客户细分中，聚类分析可以帮助企业将庞大的客户群划分为若干个具有相似特征的小群体，从而针对不同群体的需求制订更加个性化的营销策略。

（三）优化算法技术

优化算法技术是智能决策支持系统（IDSS）在生成和评价决策方案时不可或缺的核心技术。在复杂多变的决策环境中，优化算法能够帮助 IDSS 从众多可能的方案中快速找到最优或次优的解决方案，从而显著提高决策的效率和质量。线性规划是优化算法技术中的经典方法之一。它主要应用于具有线性关系的目标函数和约束条件的问题中。通过构建目标函数和约束条件的数学模型，线性规划能够在满足所有约束条件的前提下，找到使得目标函数达到最优（最大或最小）的决策变量值。这种方法在资源分配、生产计划、运输问题等领域具有广泛地应用。整数规划则是线性规划的一个扩展，它要求决策变量的取值为整数。在许多实际问题中，如设备选购、人员分配等，决策变量往往不能取连续值，而只能是整数。整数规划通过引入整数约束条件，使得优化结果更加符合实际问题的需求。然而，整数规划的求解难度通常比线性规划要大得多，需要借助专门的算法和软件工具进行求解。遗传算法是一种模拟生物进化过程的优化算法。它通过模拟自然选择和遗传机制，在搜索空间中寻找最优解。遗传算法从一组初始解开始，通过选择、交叉和变异等操作，不断生成新的解，并逐步淘汰性能较差的解，最终收敛到最优或次优解。遗传算法具有全局搜索能力强、不易陷入局部最优解等优点，特别适用于处理复杂非线性问题和多目标优化问题。

（四）人机交互技术

图形化界面是人机交互技术中最直观、最常用的一种方式。通过图形化界面，IDSS 能够以直观、易懂的方式展示决策过程中的各种信息和数据，使得决策者能够快速准确地获取所需信息，并进行相应的操作。与传统的命令行界面相比，图形化界面不仅显著降低了用户的学习成本和使用难度，还提供了更加丰富的交互方式和视觉效果，使得决策过程更加直观、高效。自然语言处理技术在人机交互中也发挥着越来越重要的作用。自然语言是人类最基本的交流方式，也是最直接、最自然的表达方式。通过自然语言处理技术，IDSS 能够理解和解析决策者的语言输入，从而实现与决策者的自然语言交互。这种交互方式不仅更加符合人类的日常交流习惯，还能够提高交互的效率和准确性。例如，决策者可以通过语音输入或文字输入的方式向 IDSS 提问或下达指令，而 IDSS 则能够自动理解并给出相应的回答或执行相应的操作。智能问答技术是人机交互技术中的又一重要应用。

在决策过程中，决策者常常会遇到各种问题或疑惑，需要及时得到解答或指导。通过智能问答技术，IDSS 能够自动理解决策者的问题，并从海量的知识库中寻找相关的答案或解决方案。这种技术不仅能够快速准确地解答决策者的问题，还能够根据决策者的需求和偏好提供个性化的建议和指导。除了上述技术外，人机交互技术还包括诸多其他技术和方法，如手势识别、眼动追踪、虚拟现实等。这些技术和方法各具特色和应用场景，但共同的目标都是提高人与信息系统之间的交互效率和用户体验。在未来的发展中，随着技术的不断进步和创新应用，人机交互技术将在 IDSS 中发挥更加重要的作用，为决策者提供更加智能、高效、自然的交互体验。

第二节　数字化评估在智能决策支持系统中的作用

一、提高决策效率

（一）自动化数据收集与处理，节省时间与精力

在传统决策模式中，决策者常常陷入庞杂的信息海洋中，手动搜集、整理、分析数据不仅耗时耗力，而且容易出错。这种低效的信息处理方式严重制约了决策的速度和质量。然而，

数字化评估的出现彻底改变了这一局面。它利用先进的信息技术，实现了数据的自动化收集和处理，极大地释放了决策者的双手和大脑。具体来说，数字化评估通过预设的算法和模型，能够自动从各个信息源中抓取所需数据，并进行清洗、整合和格式化等预处理工作。这一过程不仅速度快、准确率高，而且能够持续不断地进行，确保数据的实时性和完整性。同时，数字化评估还能够提供各种灵活的数据查询和检索功能，使得决策者能够随时随地获取所需信息，无须再花费大量时间手动搜索和整理。这种自动化的数据收集和处理方式，不仅大大节省了决策者的时间和精力，而且提高了数据的准确性和可靠性。决策者可以将更多精力投入对数据的深入分析和对问题的思考上，从而更加专注于决策本身，提高决策的质量和效率。

（二）快速生成报告与分析结果，缩短决策周期

在数字化评估的支持下，决策者可以迅速获得全面、深入的分析报告和结果。这些报告和结果基于大量实时数据，通过先进的分析方法和算法得出，具有很高的准确性和参考价值。相比传统的手动分析方式，数字化评估能够在短时间内提供更加丰富、更加深入的信息支持，帮助决策者更加全面地了解问题本质和潜在影响因素。这种快速生成报告和分析结果的能力，使得决策者能够在短时间内掌握大量关键信息，从而更加迅速地作出决策。这不仅缩短了决策周期，提高了决策效率，而且有助于抓住稍纵即逝的市场机遇和应对突如其来的挑战。在竞争激烈的市场环境中，这种快速响应能力往往成为企业制胜的关键。

（三）实时更新数据，确保决策准确性

数字化评估的另一大优势是能够实现数据的实时更新。在传统决策过程中，由于数据收集和处理的速度限制，决策者往往只能基于静态的、过时的信息进行决策。然而，市场环境和企业内部状况是不断变化的，过时的信息很可能导致决策失误。数字化评估通过实时更新数据，确保决策者始终掌握最新的信息。无论是市场趋势、客户需求、竞争对手动态还是企业内部运营状况，数字化评估都能够提供及时、准确的数据支持。这使得决策者能够在第一时间了解到各种变化，并据此调整决策策略和方向，确保决策的准确性和时效性。同时，实时更新数据还有助于提高决策的灵活性和适应性。在市场环境快速变化的今天，企业需要具备快速响应和适应变化的能力。数字化评估提供的实时数据支持，使得企业能够更加灵活地调整战略和计划，及时应对各种挑战和机遇。这种灵活性和适应性不仅有助于提高企业的竞争力，也是企业持续发展的重要保障。

二、提升决策准确性

（一）深入挖掘数据中的潜在规律和趋势

在决策过程中，对问题的全面理解是至关重要的。然而，传统的方法往往只能提供问题的表面信息，难以深入揭示其内在规律和趋势。数字化评估通过运用先进的数据挖掘和分析技术，能够深入挖掘数据中的潜在规律和趋势，为决策者提供更加深入、全面的信息支持。数据挖掘技术能够从海量数据中提取出有价值的信息，发现数据之间的关联性和趋势性。通过对历史数据的挖掘和分析，数字化评估可以揭示出事物发展的

内在规律和趋势，帮助决策者更加准确地把握问题的本质和未来发展方向。这种对数据的深入挖掘和分析，使得决策者能够在制订决策时更加全面、深入地考虑问题，从而提高决策的准确性。

（二）定量评估和比较多个方案

在决策过程中，往往需要对多个方案进行评估和比较，以选择最优方案。然而，传统的评估方法往往依赖于决策者的主观经验和直觉，缺乏客观性和科学性。数字化评估通过运用定量评估方法，能够对多个方案进行客观、科学地评估和比较，为决策者提供更加准确、可靠的决策依据。定量评估方法能够将方案的各种指标进行量化处理，使得不同方案之间的比较更加客观、准确。数字化评估可以根据决策者的需求，构建相应的评估模型，对各个方案的综合效益、风险大小、可行性等方面进行全面评估。通过这种定量评估和比较，决策者可以更加清晰地了解各个方案的优缺点，从而作出更加准确、科学的决策。

（三）避免主观臆断和盲目决策

主观臆断和盲目决策是导致决策失误的重要原因之一。在传统决策过程中，由于缺乏充分的信息支持和科学的分析方法，决策者往往容易受到个人经验、情感等因素的影响，导致决策失误。然而，数字化评估通过提供客观、科学的数据支持和分析方法，能够帮助决策者避免主观臆断和盲目决策。数字化评估所提供的数据和分析结果都是基于客观事实的，不受个人情感和经验的影响。决策者可以根据这些客观的数据和分析结果来制订决策，避免受到个人主观因素的干扰。同时，数字化评估还能够提供多种决策方案供决策者选择，使得决策者能够在充分比较和分析的基础上作出决策，避免盲目决策带来的风险。此外，数字化评估还能够帮助决策者及时发现和纠正决策过程中的偏差和错误。通过对决策过程的实时监控和反馈，数字化评估可以及时发现决策过程中出现的问题，提醒决策者进行调整和改进。这种对决策过程的实时监控和反馈机制，有助于确保决策的准确性和有效性。

三、资源配置提升

（一）清晰了解资源分布与利用效率

在企业运营过程中，资源的配置和利用是影响其发展的关键因素之一。然而，传统的管理方式往往难以全面、准确地掌握企业内外部资源的实际情况，导致资源配置不合理、利用效率低下等问题。数字化评估通过运用先进的信息技术，对企业内外部资源进行全面的数字化分析和评估，帮助决策者更加清晰地了解资源的分布、利用效率和潜在价值。具体来说，数字化评估可以通过收集和整理企业内外部的各种数据，包括人力、物力、财力等方面的信息，运用数据分析技术对这些数据进行深入挖掘和分析。通过这种方式，决策者可以更加直观地了解企业各个部门和环节的资源配置情况，以及资源的实际利用效率和潜在价值。这种全面、准确的了解，为决策者提供了更加科学、合理的决策依据，有助于避免资源浪费和短缺问题。

（二）根据实际需求合理调整资源配置

在了解企业资源的实际情况后，数字化评估还可以帮助决策者根据实际需求合理调整资源配置。通过对企业运营过程中的各种数据进行分析和预测，数字化评估可以揭示出企业未来一段时间内对资源的需求和变化趋势。这使得决策者能够提前做出规划和调整，确保资源能够在最需要的时候得到最有效地利用。例如，在人力资源配置方面，数字化评估可以分析企业各部门的人力资源需求、员工能力结构以及人力资源成本等因素，为决策者提供更加科学、合理的人力资源配置方案。在物力资源配置方面，数字化评估可以帮助企业了解各种原材料、设备、库存等物力资源的消耗和存储情况，根据实际需求进行调整和优化，降低库存成本、提高物力资源利用效率。在财力资源配置方面，数字化评估可以分析企业的财务状况、资金流向和投资回报等因素，为企业的资金调度和投资决策提供有力支持。

（三）及时发现并解决资源浪费和短缺问题

除了帮助决策者了解资源分布和利用效率、根据实际需求调整资源配置外，数字化评估还能够帮助企业及时发现并解决资源浪费和短缺问题。通过对企业运营过程中的各种数据进行实时监控和分析，数字化评估可以及时发现资源浪费和短缺的苗头，提醒决策者采取相应措施进行干预和调整。例如，在生产过程中，数字化评估可以分析生产线的运行效率、原材料消耗率、产品质量等因素，发现生产过程中的浪费现象和潜在改进空间。在销售过程中，数字化评估可以分析销售数据、客户反馈和市场趋势等因素，及时发现市场变化和潜在需求，为企业调整销售策略和开发新产品提供有力支持。这种对运营过程的实时监控和分析能力，使得企业能够更加灵活、迅速地应对各种挑战和机遇，确保企业的稳健发展。

四、降低决策风险

（一）全面识别与量化潜在风险因素

在复杂的商业环境中，企业在进行各种决策时都面临着各种不确定性和风险因素。这些风险因素可能来自市场、技术、竞争、政策等多个方面，对企业的经营和发展产生重大影响。传统的决策方法往往难以全面、准确地识别和评估这些潜在风险因素，导致决策失误和风险事件的发生。而数字化评估通过运用风险评估模型和预测技术，能够全面识别和量化潜在的风险因素，为决策者提供更加准确、全面的风险信息。具体来说，数字化评估可以利用大数据、人工智能等技术手段，对企业内外部的各种数据进行收集、整合和分析。通过对历史数据的挖掘和对现实情况的实时监测，数字化评估可以识别出各种潜在的风险因素，如市场趋势变化、技术更新换代、竞争对手策略调整等。同时，数字化评估还可以运用风险评估模型，对这些风险因素进行量化分析和评估，确定其发生的概率和可能对企业造成的影响程度。这种全面、准确的识别和量化分析，使得决策者能够更加清晰地了解企业面临的风险状况，为制订针对性的风险防范措施提供有力支持。

（二）提前预警与实时监测风险动态

通过对企业运营过程中的各种数据进行实时监测和分析，数字化评估可以及时发现风险因素的苗头和变化趋势，向决策者发出预警信号。这种提前预警的能力使得企业能够在风险事件发生前采取相应措施进行防范和应对，避免或减少风险事件对企业造成的损失。同时，数字化评估还可以实时监测风险动态的变化情况，及时更新风险信息和评估结果。这种实时监测的能力使得企业能够随时掌握风险状况的最新情况，根据实际情况调整风险防范措施和应对策略。这种灵活性和适应性不仅有助于提高企业的抗风险能力，还能够为企业的持续发展和创新提供有力保障。

（三）制订针对性的风险防范措施

通过对各种风险因素进行深入分析和评估，数字化评估可以揭示出不同风险因素之间的关联性和影响程度，为企业制订针对性的风险防范策略提供科学依据。具体来说，数字化评估可以根据不同风险因素的特点和影响程度，制订相应的风险防范措施和应对策略。例如，针对市场风险因素，企业可以加强市场调研和预测工作，及时调整产品结构和市场策略；针对技术风险因素，企业可以加大研发投入力度，推动技术创新和升级换代；针对竞争风险因素，企业可以加强竞争对手分析和竞争策略制订等。这种针对性的风险防范措施和应对策略的制订，使得企业能够更加有效地应对各种风险挑战，降低决策风险的发生概率和影响程度。

五、促进决策透明化

（一）直观展示决策依据和过程

在企业运营和管理过程中，决策是一项至关重要的活动，它关系到企业的生存和发展。然而，传统的决策方式往往缺乏透明性，导致利益相关者难以了解和理解决策的依据和过程。这种不透明性不仅削弱了决策的公信力和说服力，还可能引发利益相关者的疑虑和不满。而数字化评估通过公开和共享评估结果和数据，能够直观地展示决策的依据和过程，有效弥补传统决策方式的不足。具体来说，数字化评估利用先进的信息技术手段，对企业运营和管理过程中的各种数据进行收集、整理和分析。这些数据包括财务数据、市场数据、运营数据等，它们能够全面反映企业的实际情况和运营绩效。通过对这些数据的深入挖掘和分析，数字化评估可以揭示出企业运营和管理中的规律、趋势和问题，为决策者提供科学、客观的决策依据。在决策过程中，决策者可以根据数字化评估的结果和数据，对不同的方案进行权衡和比较，选择最优的方案实施。同时，他们还可以利用数字化评估的工具和方法，对决策过程进行模拟和预测，了解不同方案可能产生的结果和影响。这种基于数据和事实的决策方式，使得决策者能够更加客观、理性地作出决策，避免主观臆断和盲目决策带来的风险。通过公开和共享数字化评估的结果和数据，企业可以将决策的依据和过程直观地展示给利益相关者。这种展示方式不仅增强了决策的公信力和说服力，还提高了利益相关者对决策的信任度和支持度。利益相关者可以更加清晰地了解企业的运营情况和决策过程，对企业的发展前景和未来规划产生更加明确的认识和信心。

（二）增强决策公信力与说服力

数字化评估通过提供全面、准确的数据支持，使得企业决策更具科学性和合理性。这种基于数据的决策方式，有助于消除主观臆断和人为干扰，提高决策的公正性和客观性。当企业将数字化评估的结果和数据公开共享时，利益相关者可以更加直观地了解企业决策的依据和过程，从而增强对决策的信任感和认同感。在企业内部，数字化评估的透明性也有助于提升员工对决策的认同感和执行力。员工可以更加清晰地了解企业决策的背景、目的和意义，明确自己的工作目标和职责范围。这种透明化的决策方式有助于激发员工的积极性和创造力，推动企业内部形成更加和谐、稳定的工作氛围。在外部环境中，数字化评估的透明性有助于提升企业的社会形象和品牌价值。公开共享数字化评估的结果和数据，展示了企业的诚信和负责任态度，增强了社会各界对企业的信任和支持。这种信任和支持为企业拓展市场、吸引投资、开展合作等提供了有力保障。

（三）促进企业内部信息交流与沟通

数字化评估不仅有助于增强决策的透明度和公信力，还在促进企业内部信息交流和沟通方面发挥着重要作用。在传统的企业管理模式下，各部门之间往往存在信息壁垒和沟通障碍，导致信息传递不畅、协作效率低下等问题。而数字化评估通过公开和共享评估结果和数据，打破了部门之间的信息壁垒，促进了企业内部的信息交流和沟通。具体来说，数字化评估使得企业各部门能够更加便捷地获取到其他部门的信息和数据资源。这种信息共享的方式有助于消除部门之间的信息不对称现象，使得各部门能够更加全面地了解企业的整体运营情况和市场环境。同时，数字化评估还为企业内部提供了统一的沟通平台和工具，使得各部门能够更加高效地进行沟通和协作。这种沟通协作的方式有助于推动企业内部的跨部门合作和团队协作，提高企业的整体运营效率和市场竞争力。此外，数字化评估还有助于加强企业内部的知识管理和传承。通过对评估结果和数据的整理和分析，企业可以形成一套完整的知识体系和经验库，为新员工提供学习和借鉴的机会。这种知识管理和传承的方式有助于保留企业的核心竞争力和智慧财富，为企业的持续发展提供有力支持。

六、推动决策创新

（一）发现新市场机会与客户需求

在数字化时代，企业面临着前所未有的市场变化和竞争压力。为了保持竞争优势，企业必须不断寻找新的市场机会和满足客户需求。而数字化评估正是帮助企业实现这一目标的重要工具。通过对大量数据的挖掘和分析，数字化评估能够揭示出市场趋势、消费者行为、竞争对手动态等多方面的信息。这些信息有助于企业发现潜在的市场机会和客户需求，为企业的产品和服务创新提供有力支持。例如，通过对社交媒体数据的分析，企业可以了解消费者对产品的真实评价和反馈，从而发现消费者对产品的潜在需求和改进方向。这种基于数据的洞察能够帮助企业更加精准地把握市场脉搏，为创新决策提供有力依据。此外，数字化评估还可以帮助企业预测未来市场的发展趋势和变化。通过对历史数据的分析和建模，企业可以预测未来市场的需求和竞争格局，从而提前布局和规划创新方向。这种预测能力使得企业能够在市场变化中保持领先地位，抢占先机并赢得竞争优势。

（二）激发创新思维与想象力

数字化评估不仅能够帮助企业发现新的市场机会和客户需求，还能够激发决策者的创新思维和想象力。传统的决策方式往往受限于决策者的经验和认知范围，难以突破固有的思维框架和模式。而数字化评估通过提供全面、客观的数据支持，有助于决策者打破思维定势，以更加开放和包容的心态面对创新挑战。在数字化评估的过程中，决策者需要与数据科学家、业务专家等多方人员进行深入交流和合作。这种跨领域的合作有助于决策者汲取不同领域的知识和经验，拓宽视野并激发创新思维。同时，数字化评估还可以通过模拟和预测等技术手段，为决策者提供更加直观、生动的创新方案展示和比较方式。这种展示方式有助于决策者更加清晰地了解不同创新方案的优缺点和潜在风险，从而作出更加明智的创新决策。

（三）定量评估与比较创新方案

在创新决策过程中，企业往往需要面临多个可行的创新方案选择。这些方案可能涉及不同的产品特性、市场定位、营销策略等方面，决策者需要对其进行全面、客观地评估和比较。而数字化评估正是帮助企业实现这一目标的有效手段。数字化评估可以利用先进的统计分析和机器学习等技术手段，对不同的创新方案进行定量评估和比较。通过构建评估模型和指标体系，数字化评估可以对每个创新方案的潜在收益、成本投入、风险水平等多个维度进行量化分析和评估。这种定量评估的方式有助于决策者更加客观、理性地比较不同创新方案的优劣和可行性，避免主观臆断和盲目决策带来的风险。同时，数字化评估还可以提供动态模拟和预测功能，帮助决策者更加直观地了解不同创新方案在不同市场环境下的表现和效果。这种模拟和预测能力有助于决策者更加全面地考虑不同创新方案的适应性和可持续性，为企业的长远发展作出更加明智的决策。

第三节　智能决策支持系统在规模奶牛养殖场的应用实例

一、智能决策支持系统的应用

（一）奶牛健康监控

1. 实时监测奶牛健康数据

在规模奶牛养殖场中，奶牛的健康状况对养殖效益具有至关重要的影响。传统的健康监控方法往往依赖于人工观察和记录，不仅效率低下，而且容易出现遗漏和误判。为了解决这一问题，智能决策支持系统被引入奶牛健康监控领域，通过安装在奶牛身上的传感器实时收集体温、心率、反刍次数等关键健康数据。这些传感器采用先进的物联网技术，能够精确测量奶牛的各项生理指标，并将数据传输到中央处理系统进行分析和处理。通过实时监测，系统能够及时发现奶牛的健康异常，为兽医提供准确的诊断依据，从而实现对奶牛健康状况的精准把控。实时监测奶牛健康数据的优势在于其及时性和准确性。系统能够24小时不间断地监测奶牛的健康状况，确保任何异常都能被及时发现。同时，由于数据是通过传感器自动收集的，避免了人为因素对数据准确性的影响，提高了监控的可靠性。

2. 及时预警与快速响应

当系统检测到某头奶牛的体温异常升高、心率加快、反刍次数减少等异常数据时，会迅速进行分析并判断出该奶牛可能患有某种疾病。这一过程是通过智能算法和模型实现的，这些算法和模型能够根据历史数据和专家知识库对奶牛的健康状况进行准确评估。一旦系统判断出奶牛可能患病，它会立即发出警报，通知兽医及时进行检查和治疗。这种及时预警和快速响应的机制能够确保奶牛在病情恶化之前得到有效的治疗，从而避免了因延误治疗而导致的经济损失。此外，系统还能根据收集到的健康数据对奶牛进行健康评估，为兽医制订预防和治疗方案提供科学依据。通过对大量数据的分析和挖掘，系统能够发现奶牛健康问题的规律和趋势，为兽医提供更加精准和个性化的治疗建议。这不仅能够提高奶牛的健康水平，也能够避免因滥用药物而产生的抗药性和药物残留问题。

3. 降低经济损失与提升养殖效益

智能决策支持系统在奶牛健康监控方面的应用，为养殖场带来了显著的经济效益。首先，通过实时监测和及时预警，系统能够帮助养殖场及时发现并处理奶牛的健康问题，降低了因疾病导致的死亡率和淘汰率。这直接减少了养殖场的经济损失。系统提供的个性化治疗建议能够确保奶牛得到更加精准和有效的治疗。这不仅可以缩短奶牛的治疗周期，还能够提高治疗效果，降低治疗成本。同时，由于奶牛的健康状况得到了改善，其生产性能也会相应提升，如产奶量增加、乳脂率提高等。这将进一步增加养殖场的经济收益。智能决策支持系统的应用还能够提高养殖场的管理效率和工作质量。通过自动化和智能化的数据收集和分析，养殖场可以更加准确地掌握奶牛的健康状况和生产性能，为制订更加科学合理的饲养管理方案提供有力支持。这将有助于养殖场实现精细化管理，提高整体运营水平。

（二）饲养管理优化

1. 个性化饲养方案的制订

在规模奶牛养殖场中，每头奶牛的生长阶段、体重、产奶量等因素都不尽相同，因此，对它们进行统一的饲养管理往往难以满足每头奶牛的营养需求。而智能决策支持系统的引入，为每头奶牛制订个性化的饲养方案提供了可能。系统通过收集每头奶牛的生长数据、体重数据、产奶量数据等信息，运用先进的算法和模型进行分析，从而为每头奶牛生成个性化的饲养方案。这些方案详细规定了饲料的种类、数量以及饲喂时间等，确保了每头奶牛都能够获得充足且均衡的营养。这种个性化的饲养方案不仅提高了饲料的利用率，减少了浪费，还使得奶牛的生长和生产性能得到了最大程度的发挥。此外，系统还能根据奶牛的生理状态和生产性能的变化，对饲养方案进行动态调整。例如，对于处于哺乳期的奶牛，系统会适当增加其饲料中的蛋白质和能量含量，以满足其产奶的营养需求；而对于处于干奶期的奶牛，系统则会调整其饲料配方，以降低其营养摄入，避免过度肥胖。这种动态的饲养管理使得每头奶牛的营养摄入都能够与其生长和生产需求相匹配，进一步提高了饲养效益。

2. 饲料消耗与生产性能的实时监控

智能决策支持系统通过安装在饲料槽和奶牛身上的传感器，能够实时收集到饲料消耗数据和奶牛的生产性能数据。这些数据被传输到中央处理系统进行分析和处理，使得养殖场能够实时掌握每头奶牛的饲料消耗情况和生产性能。通过对饲料消耗数据的实时监控，养殖场可以及时发现饲料浪费和异常消耗的情况，并采取相应的措施进行纠正。这有助于减少饲料的浪费和降低饲养成本。同时，对奶牛生产性能数据的实时监控，如产奶量、乳脂率等，可以帮助养殖场评估饲养方案的效果，及时发现并解决生产中出现的问题，从而提高奶牛的生产性能。此外，系统还能根据实时收集到的数据对饲养方案进行动态调整。当某头奶牛的产奶量下降时，系统会增加其饲料中的蛋白质和能量含量，以满足其生产需求。这种基于实时数据的动态调整使得饲养方案更加精准和有效，进一步提高了奶牛的生产性能。

3. 提升饲养管理的效率和效益

智能决策支持系统的应用不仅提高了饲养管理的精准度和有效性，还显著提升了饲养管理的效率和效益。首先，通过自动化的数据收集和分析，系统能够准确、及时地掌握每头奶牛的生长和生产情况，为制订和调整饲养方案提供了科学依据。这避免了传统饲养管理中的人工记录和统计的烦琐过程，提高了工作效率。系统提供的个性化饲养方案使得每头奶牛的营养摄入更加精准和合理。这不仅提高了饲料的利用率，减少了浪费，还降低了饲养成本。同时，由于奶牛的生长和生产性能得到了最大程度的发挥，养殖场的经济效益也得到了显著提升。智能决策支持系统的应用还有助于提升养殖场的管理水平和工作质量。通过系统的实时监控和预警功能，养殖场能够及时发现并解决饲养过程中出现的问题，如饲料浪费、疾病等。这有助于养殖场实现精细化管理，提高整体运营水平。同时，系统的应用还促进了养殖场工作人员的学习和进步，推动了养殖业的可持续发展。

（三）繁殖效率提升

1. 发情周期与配种时机的精准把握

在奶牛繁殖管理中，准确把握奶牛的发情周期和配种时机是确保成功受孕的关键。传统的繁殖管理方法往往依赖于人工观察和经验判断，不仅效率低下，而且容易出现误判。而智能决策支持系统的引入，为精准把握奶牛的发情周期和配种时机提供了有力支持。系统通过安装在奶牛身上的传感器，实时收集奶牛的发情周期数据，如行为变化、体温波动等。这些数据被传输到中央处理系统进行分析和处理，结合养殖场的配种记录，系统能够准确预测出每头奶牛的最佳配种时间。一旦预测到配种时机成熟，系统会立即通知养殖人员进行人工授精。这种精准的繁殖管理策略不仅提高了奶牛的受孕率，还缩短了产犊间隔，增加了养殖场的繁殖效益。例如，某头奶牛在系统的精准管理下成功受孕并顺利产下健康的小牛，为养殖场带来了可观的经济效益。

2. 配种方式选择与优化

除了把握配种时机外，选择合适的配种方式也是提高奶牛繁殖效率的重要因素。智能决策支持系统能够根据奶牛的身体状况、遗传背景以及养殖场的实际情况，为每头奶牛推荐最佳的配种方式。在传统的繁殖管理中，养殖人员往往凭借经验选择配种方式，这种方式具有很大的主观性和不确定性。而智能决策支持系统则通过科学的算法和模型，对奶牛的各项指标进行综合分析，从而得出最佳的配种方式建议。这些建议包括自然交配、人工授精等不同的配种方式，以及相应的配种计划和策略。通过系统的精准推荐，养殖场能够选择最适合每头奶牛的配种方式，提高繁殖成功率。同时，系统还能对配种过程中的数据进行实时监控和分析，及时发现并解决潜在的问题，确保配种过程的顺利进行。

3. 怀孕期间的特殊饲养

奶牛在怀孕期间需要特殊的饲养管理，以确保其身体健康和胎儿的正常发育。智能决策支持系统能够根据奶牛的身体状况、怀孕阶段以及养殖场的饲养条件，为每头怀孕奶牛制订个性化的饲养管理方案。这些方案包括饲料的种类、数量、饲喂时间等详细信息，以及运动、环境等方面的管理建议。通过系统的精准管理，怀孕奶牛能够获得充足且均衡的营养，保持良好的身体状况，为胎儿的生长发育提供有力保障。同时，系统还能对怀孕期间的奶牛进行健康监测和预警。一旦发现奶牛出现异常情况，如食欲减退、行为异常等，系统会立即发出警报，通知兽医及时进行检查和治疗。这种及时的干预和处理能够确保怀孕奶牛的健康和安全，降低流产率和死胎率等，从而减少经济损失。

（四）疾病防控

1. 健康数据与疫情信息的实时监测与分析

传统的疾病防控方法往往依赖于人工观察和经验判断，但这种方式存在很大的局限性和不确定性。而智能决策支持系统的引入，为奶牛疾病防控带来了新的变革。系统通过安装在奶牛身上的传感器以及养殖场内的监控设备，实时收集奶牛的健康数据，包括体温、心率、呼吸频率、反刍次数等关键指标。同时，系统还能获取当地疫情信息，包括疾病种类、传播途径、发病率等。这些数据和信息被传输到中央处理系统进行分析和处理，帮助养殖场全面掌握奶牛的健康状况和疫情动态。通过对健康数据和疫情信息的实时监测与分析，系统能够及时发现潜在的疾病风险，为养殖场提供针对性的防控建议。这种基于数据的决策方式更加科学和准确，能够有效地提高疾病防控的效果。

2. 针对性的疾病防控建议与措施

智能决策支持系统根据收集到的健康数据和疫情信息，结合养殖场的实际情况，为养殖场提供针对性的疾病防控建议。在疫苗接种方面，系统能够根据奶牛的年龄、生产阶段、免疫历史等因素，为每头奶牛制订个性化的疫苗接种计划。这确保了奶牛能够获得全面且有效的免疫保护，降低了疾病感染的风险。同时，系统还能根据疫情变化动态调整疫苗接种计划，以适应不断变化的疾病环境。在消毒措施方面，系统能够根据养殖场的布局、设施条件以及疾病传播途径等因素，制订科学合理的消毒方案。这包括消毒剂的选择、消毒频率的安排、消毒操作的规范等方面。通过严格执行消毒措施，养殖场能够有效地杀灭病原体，切断疾病传播途径，保障奶牛的健康和生产安全。在病牛隔离和治疗方面，系统能够及时发现异常奶牛并对其进行隔离和治疗。一旦发现有奶牛出现疑似病症，系统会立即发出警报并通知兽医进行检查和诊断。确诊后，系统会根据病情制订个性化的治疗方案并监控治疗效果。同时，对病牛进行隔离饲养以防止疾病在养殖场内传播扩散。

3. 成功防控疫情的实践案例

在某次疫情暴发期间，智能决策支持系统在某规模奶牛养殖场发挥了重要作用。当时该地区暴发了一种新型传染病疫情，严重威胁着奶牛的健康和生产安全。面对突如其来的疫情挑战，养殖场迅速启用了智能决策支持系统以应对危机。系统迅速收集了相关疫情信息和奶牛的健康数据并进行了深入分析和挖掘。通过对比历史数据和当前数据系统发现该养殖场存在较高的疫情传播风险。于是系统立即制订了紧急防控措施包括加强消毒工作、暂停外来人员进入养殖场、对疑似病牛进行隔离和治疗等。这些措施的有效实施成功地阻止了疫情在养殖场的传播和扩散，保障了奶牛的健康和生产安全。此次事件不仅验证了智能决策支持系统在奶牛疾病防控方面的有效性和可靠性，也为该地区其他养殖场提供了宝贵的经验和借鉴。

二、应用效果分析

（一）提高管理效率

1. 自动化与智能化的数据收集和分析

智能决策支持系统的核心优势在于其自动化和智能化的数据收集与分析能力。在奶牛养殖过程中，涉及的数据种类繁多，包括生长数据、健康数据、繁殖数据、饲料消耗数据等。传统的管理方法需要人工进行数据的记录和统计，不仅效率低下，而且容易出现错误。而智能决策支持系统的引入，彻底改变了这一现状。系统通过安装在奶牛身上的传感器、饲料槽的计量设备以及养殖场内的监控设备等，实现了数据的自动收集。这些数据被实时传输到中央处理系统，经过清洗、整合和格式化后，被存储在数据库中。然后，系统利用先进的算法和模型对数据进行深入挖掘和分析，提取出有价值的信息和规律。这种自动化和智能化的数据收集和分析方式，不仅大大提高了工作效率，还降低了人工干预和错误判断的可能性。养殖场的管理人员可以随时通过系统查看各项数据和分析结果，为制订和调整管理决策提供科学依据。

2. 提高管理决策的准确性和及时性

在奶牛养殖过程中，准确和及时地管理决策对于养殖场的成功至关重要。而智能决策支持系统的应用，为养殖场提供了强大的决策支持。系统能够根据收集到的数据和分析结果，为养殖场提供精准的管理建议。这些建议包括饲养方案的调整、繁殖计划的制订、疾病防控措施的实施等。由于这些建议是基于大数据和智能算法得出的，因此具有很高的准确性和可信度。同时，系统还能对养殖场的各项管理工作进行实时监控和预警。

这种及时的预警和处理机制，确保了养殖场的正常运营和奶牛的健康安全。

3. 实时监控与预警确保正常运营

除了提供精准的管理建议和及时的预警外，智能决策支持系统还能对养殖场的各项管理工作进行实时监控。这种监控是全方位的、全天候的，不受时间和空间的限制。通过系统的实时监控功能，养殖场的管理人员可以随时了解奶牛的生长情况、健康状况、饲料消耗情况等关键信息。这些信息以图表、曲线、报告等形式直观展示在系统界面上，方便管理人员进行查看和分析。同时，系统还支持历史数据的查询和对比功能，帮助管理人员更好地把握养殖场的运营情况和发展趋势。此外，系统的预警功能也是确保养殖场正常运营的重要手段。预警功能基于大数据分析和智能算法实现，可以对潜在的异常情况进行预测和报警。例如，当某头奶牛的体温异常升高时，系统可能会预测该奶牛可能患有某种疾病，并立即发出警报，通知兽医进行检查和治疗。这种及时的干预和处理能够防止疾病的扩散和恶化，保障奶牛的健康和生产安全。

（二）运营成本减少

1. 优化饲料配方，降低饲料成本

在奶牛养殖中，饲料成本占据了相当大的比重。传统的饲料配方制订往往依赖于养殖人员的经验和直觉，但这种方式很难确保饲料的营养均衡和成本最优。而智能决策支持系统的引入，为饲料配方的优化提供了科学的方法。系统能够根据奶牛的生长阶段、体况、生产性能等因素，结合饲料的营养成分和价格信息，通过智能算法计算出最优的饲料配方。这个配方既满足了奶牛的营养需求，又保证了饲料成本的最小化。同时，系统还能根据奶牛的实际采食情况和生产性能反馈，对饲料配方进行动态调整，确保饲料的合理利用和浪费的最小化。通过智能决策支持系统的优化，养殖场可以大大降低饲料成本，提高饲料利用率，从而为养殖场带来可观的经济效益。

2. 精准繁殖管理，降低繁殖成本

繁殖管理是奶牛养殖中的另一个重要环节，也是成本较高的部分。传统的繁殖管理方法往往存在配种时机不准确、配种方式不合理等问题，导致繁殖效率低下和成本增加。而智能决策支持系统的应用，为精准繁殖管理提供了有力支持。系统能够通过对奶牛的发情周期数据、配种记录等信息的实时监测和分析，准确预测出每头奶牛的最佳配种时间，并推荐最适合的配种方式。同时，系统还能对怀孕期间的奶牛进行特殊照顾和饲养管理，确保其身体健康和胎儿的正常发育，进一步降低了繁殖成本。通过智能决策支持系统的精准繁殖管理，养殖场可以显著提高繁殖效率，降低繁殖成本，为养殖场的可持续发展奠定坚实基础。

3. 提高疾病防控决策准确性，减少疾病损失

疾病防控是奶牛养殖中的一项重要工作，也是影响养殖成本和经济效益的关键因素。传统的疾病防控方法往往存在诊断不准确、治疗不及时等问题，导致疾病在养殖场内迅速传播和扩散，给养殖场带来巨大的经济损失。而智能决策支持系统的应用，为疾病防控提供了新的解决方案。系统能够通过实时监测和分析奶牛的健康数据以及当地疫情信息，及时发现潜在的疾病风险，并制订出针对性的防控措施。同时，系统还能对防控措施的执行情况进行实时监控和评估，确保防控工作的有效性和及时性。这种基于数据的疾病防控策略大大提高了防控决策的准确性和及时性，降低了因疾病造成的损失。通过智能决策策支持系统的应用，养殖场可以显著提高疾病防控决策的准确性和及时性，减少因疾病造成的损失，进一步降低养殖成本和提高经济效益。

（三）提升奶牛健康和生产性能

1. 实时监测与预警机制，确保奶牛健康

智能决策支持系统通过引入先进的传感器技术和数据分析算法，为奶牛养殖场提供了一套实时监测与预警机制。这套机制能够全方位、全天候地监测奶牛的健康状况，包括体温、呼吸频率、反刍次数、步态等关键指标。这种实时监测与预警机制不仅大大提高了奶牛健康问题的发现率和处理效率，还降低了因延误治疗而导致的病情恶化风险。在传统的养殖模式下，养殖人员往往需要定期巡检奶牛，才能发现其健康问题。然而，这种方式不仅效率低下，而且容易错过最佳治疗时机。而智能决策支持系统的应用，彻底改变了这一现状。养殖人员可以随时通过系统查看奶牛的健康数据和分析结果，为制订和调整饲养管理、疾病防控等决策提供了科学依据。此外，实时监测与预警机制还有助于养殖场及时发现并应对环境因素、饲料问题等潜在风险，为奶牛创造一个更加健康、舒适的生活环境。这些因素的综合作用，使得奶牛的健康状况得到了显著改善。

2. 优化饲料配方，提高奶牛营养水平

智能决策支持系统通过收集和分析奶牛的采食数据、生长数据以及饲料成分等信息，为养殖场提供了一套科学、精准的饲料配方优化方案。这套方案能够根据奶牛的生长阶段、体况、生产性能等因素，动态调整饲料的营养成分和比例，确保奶牛获得全面、均衡的营养供给。在传统的养殖模式下，饲料配方的制订往往依赖于养殖人员的经验和直觉。然而，这种方式很难确保饲料的营养均衡和成本最优。而智能决策支持系统的应用，使得饲料配方的制订更加科学、精准。养殖人员可以根据系统的建议，及时调整饲料的配方和投喂量，确保奶牛获得最佳的营养支持。这种优化的饲料配方不仅提高了奶牛的营养水平，还促进了其生长发育和生产性能的提升。

3. 精准繁殖管理，提升奶牛繁殖效率

繁殖管理是奶牛养殖中的另一个重要环节。智能决策支持系统通过实时监测和分析奶牛的发情周期数据、配种记录等信息，为养殖场提供了一套精准、高效的繁殖管理方案。这套方案能够准确预测出每头奶牛的最佳配种时间，并推荐最适合的配种方式，从而提高了奶牛的受孕率和产犊率。在传统的养殖模式下，繁殖管理往往存在配种时机不准确、配种方式不合理等问题。这些问题不仅导致繁殖效率低下，还增加了养殖场的运营成本。而智能决策支持系统的应用，使得繁殖管理更加精准、高效。养殖人员可以根据系统的建议，合理安排配种计划和繁殖工作，确保奶牛在最佳状态下进行繁殖。这种精准的繁殖管理策略不仅提高了奶牛的繁殖效率，还为养殖场的可持续发展奠定了坚实基础。

第八章　数字化评估模式的可持续发展策略

第一节　可持续发展在规模奶牛养殖场中的重要性

一、环境友好与生态平衡

（一）废弃物处理与资源循环利用

在规模奶牛养殖场中，废弃物的产生是一个不可忽视的问题。奶牛粪便、废水等废弃物如果处理不当，会对土壤、水源和空气造成严重的污染，不仅影响养殖场的生产环境，还可能对周边居民的生活带来负面影响。因此，实施可持续发展战略的首要任务就是解决这些废弃物的处理问题。通过科学的废弃物处理技术，如沼气发酵、有机肥生产等，养殖场可以将这些废弃物转化为有价值的资源。沼气发酵是一种有效的废弃物处理方法，它可以将奶牛粪便和废水中的有机物在厌氧条件下分解为沼气和沼渣。沼气可以作为清洁能源用于养殖场的日常生活和生产，沼渣则可以作为优质有机肥用于农田施肥，实现废弃物的资源化利用。有机肥生产是另一种重要的废弃物处理方法。将奶牛粪便和废弃物进行堆肥发酵，可以生产出富含有机质和多种营养元素的有机肥。这种有机肥不仅可以改善土壤结构、提高土壤肥力，还可以促进农作物的生长和品质提升。通过有机肥的施用，可以减少化肥的使用量，降低农业面源污染，实现农业生产的可持续发展。

（二）饲料选择与降低碳排放

在奶牛养殖过程中，饲料的选择直接关系到奶牛的健康和生产性能，同时也与养殖场的环保责任密切相关。优先选择本地生产的优质饲料，不仅可以保证奶牛获得全面、均衡的营养供给，还可以减少长途运输带来的碳排放。长途运输是碳排放的重要来源之一。通过选择本地生产的饲料，可以大幅缩短运输距离，减少运输过程中的能源消耗和碳排放。此外，本地饲料还可以更好地适应当地的气候和土壤条件，提高饲料的利用率和奶牛的生产性能。因此，从环保和经济效益两方面考虑，优先选择本地饲料是养殖场实现可持续发展的重要措施之一。

（三）精细化饲养管理与减少浪费

精细化饲养管理是规模奶牛养殖场实现可持续发展的关键环节。通过精细化饲养管理，可以提高奶牛的饲料利用率，减少浪费和排放，从而降低养殖场的环境负荷。精细化饲养管理包括多个方面，如合理分群、科学投喂、定期清理等。合理分群可以根据奶牛的年龄、体况和生产性能等因素进行分群饲养，确保每头奶牛都能获得适宜的饲料和环境条件。科学投喂是根据奶牛的营养需求和采食习惯制订合理的投喂计划，避免过量投喂造成的浪费和排放。定期清理是及时清理牛舍内的粪便和废弃物，保持牛舍的清洁卫生，减少疾病的发生和传播。通过这些精细化饲养管理措施的实施，可以显著提高奶牛的饲料利用率和生产性能，降低养殖场的运营成本和环境负荷。同时，精细化饲养管理还有助于提高奶牛的健康水平和福利状况，为养殖场的长期发展奠定坚实基础。

二、经济效益与长期竞争力

（一）优化成本结构与降低生产成本

在规模奶牛养殖中，实施可持续发展战略意味着对传统养殖模式进行深入的优化与改革，其中最为直接且显著的影响体现在成本结构的优化和生产成本的降低上。通过优化饲料配方，养殖场可以根据奶牛的生长阶段、体况和生产性能，为其提供更加精准、科学的营养供给。这不仅可以确保奶牛获得全面、均衡的营养，还可以避免因过度投喂或营养不足而造成的浪费。与此同时，选择优质、性价比高的饲料原料，以及通过合理的加工和储存方式减少饲料的营养损失，都可以进一步降低饲料成本。同时，对怀孕期间的奶牛进行特殊照顾和饲养管理，确保其身体健康和胎儿的正常发育，也可以减少因繁殖问题而造成的经济损失。此外，在奶牛养殖过程中，通过加强疾病防控和健康管理，可以及时发现并处理奶牛的健康问题，防止疾病的传播和扩散，从而减少因疾病造成的损失。这不仅可以降低治疗成本和死亡淘汰成本，还可以确保奶牛群的整体生产性能保持稳定。

（二）提升品牌形象与拓宽市场份额

在当今社会，消费者对于食品安全和环保问题的关注度日益提高。他们更倾向于选择那些来自可信赖、有责任感的企业的产品。因此，对于规模奶牛养殖场来说，实施可持续发展战略不仅仅是一种社会责任的体现，更是一种市场竞争的必然选择。通过实施可持续发展战略，养殖场可以展示出其对环境保护、动物福利以及产品质量的高度重视和承诺。这种积极的企业形象和社会责任感会吸引更多消费者的关注和认可，从而增加产品的市场吸引力和竞争力。同时，随着消费者对可持续产品的需求不断增长，那些实施可持续发展战略的养殖场将有更多的机会拓宽市场份额和销售渠道。他们可以与注重可持续性的零售商、餐饮企业等建立合作关系，共同推动可持续乳制品市场的发展。这种合作不仅可以为养殖场带来稳定的销售渠道和收入来源，还可以进一步提升其品牌知名度和影响力。

（三）实现长期盈利与持续发展

可持续发展战略对于规模奶牛养殖场来说，不仅仅是一种短期的成本节约手段或市场营销策略，更是一种确保长期盈利和持续发展的关键所在。通过降低生产成本和风险，养殖场可以在激烈的市场竞争中保持较高的盈利能力，即使在市场行情波动或原材料价格上涨等不利情况下，由于成本结构的优化和生产效率的提升，养殖场仍然能够保持相对稳定的盈利水平。通过树立良好的企业形象和品牌形象，养殖场可以吸引更多优质客户和合作伙伴的关注和合作。这些客户和合作伙伴不仅可以为养殖场带来稳定的订单和收入来源，还可以为其提供宝贵的市场信息和资源支持，帮助其更好地应对市场变化和挑战。可持续发展战略还有助于养殖场构建更加稳固和可持续的产业链和生态系统。通过与供应商、客户、合作伙伴以及政府机构等各方建立紧密的合作关系，养殖场可以共同推动整个行业的可持续发展和进步。这种产业链和生态系统的构建不仅可以为养殖场带来更多的商业机会和发展空间，还可以为其在长期竞争中奠定坚实的基础。

三、社会责任与公众期望

（一）提供优质乳制品与推动农业可持续发展

作为农业生产的重要组成部分，规模奶牛养殖场在保障国家粮食安全和乳制品供应方面发挥着举足轻重的作用。它们不仅为市场提供了大量优质、营养丰富的乳制品，满足了人们日益增长的食物需求，还通过科学的饲养管理和先进的生产技术，推动了整个农业行业的进步与发展。然而，仅仅依靠提供乳制品是远远不够的。在可持续发展的背景下，规模奶牛养殖场还需要承担起更多的社会责任。其中包括推动农业可持续发展，确保农业生态系统的健康和稳定。通过实施可持续发展战略，养殖场可以更加合理地利用土地资源、水资源和饲料资源，减少废弃物的排放和污染，从而保护生态环境，实现农业与自然的和谐共生。同时，可持续发展战略还有助于提高养殖场的生产效率和经济效益。通过引入先进的饲养管理技术、繁殖技术和疾病防控技术，养殖场可以降低生产成本，提高奶牛的生产性能，从而提高乳制品的产量和质量。这不仅可以满足市场需求，还可以为养殖场带来更多的经济收益，进一步推动其可持续发展。

（二）履行社会责任与提升社会形象

随着社会的进步和公众意识的提高，规模奶牛养殖场的行为和表现越来越受到社会各界的关注和评价。公众对于环保、动物福利、食品安全等问题的关注度不断提高，要求养殖场在追求经济效益的同时，也要履行相应的社会责任。实施可持续发展战略是养殖场履行社会责任的具体体现。通过加强环境保护、提高动物福利水平、确保乳制品质量安全等措施，养殖场可以赢得公众的信任和认可，树立良好的企业形象和品牌形象。这种积极的社会形象不仅有助于提升养殖场的市场竞争力，还可以为其带来更多的商业机会和发展空间。同时，履行社会责任还有助于提升养殖场的社会公信力。在公众心目中，一个积极履行社会责任的企业是值得信赖和尊重的。当养殖场在环保、动物福利等方面取得显著成效时，公众会更加支持和认可其产品和品牌，从而推动其市场份额的扩大和销售额的增长。

四、技术创新与管理升级

（一）技术创新引领养殖行业新潮流

在可持续发展的推动下，规模奶牛养殖场正成为技术创新的前沿阵地。为了实现资源的高效利用和环境的协同保护，养殖场不断引进和采用新技术、新设备，力求在奶牛养殖的各个环节实现科学化和精细化。智能化养殖设备和管理系统的引入，是技术创新的重要体现。这些系统通过物联网、大数据等先进技术，实现了对奶牛养殖全过程的实时监控和智能管理。自动化喂养系统可以根据奶牛的营养需求和生长阶段，精准地调配饲料，避免浪费；精准化环境控制系统则能够实时监测和调整养殖舍内的温度、湿度、空气质量等环境因素，确保奶牛生活在舒适的环境中；而数据化健康管理系统则通过收集和分析奶牛的健康数据，及时发现异常，为疾病的预防和治疗提供有力支持。这些技术创新不仅提高了奶牛养殖的生产效率和资源利用率，还显著降低了养殖成本，提升了奶牛的健康水平和生产性能。同时，它们也为养殖场带来了更多的商业机会和发展空间，使其在未来的市场竞争中占据了有利地位。

（二）管理升级构建高效运营体系

除了技术创新外，管理升级也是规模奶牛养殖场实现可持续发展的重要手段。随着养殖规模的扩大和市场竞争的加剧，传统的管理模式已经难以适应现代养殖业的发展需求。因此，养殖场需要不断引入新的管理理念和方法，构建高效、灵活的运营体系。一方面，养殖场需要加强内部管理，提高团队协作效率和执行力。通过制订科学的管理制度、明确岗位职责、优化工作流程等措施，确保养殖场的各项工作能够有序、高效地进行。同时，加强员工培训和教育，提升员工的专业素养和环保意识，形成积极向上的企业文化氛围。另一方面，养殖场还需要与外部利益相关者建立良好的合作关系。与供应商、销售商、科研机构等建立紧密的合作伙伴关系，共同推动技术创新和产业升级。通过与政府机构、行业协会等沟通协作，了解政策法规和行业动态，为养殖场的可持续发展提供有力支持。

（三）树立行业典范，引领未来发展

规模奶牛养殖场在技术创新和管理升级方面的不断进步，不仅提升了自身的核心竞争力，还为整个行业的可持续发展树立了典范和标杆。它们的成功实践和经验分享，对于推动整个养殖行业的转型升级具有重要意义。这些养殖场通过引入新技术和新设备，提高了奶牛养殖的科学性和精细化水平。这不仅有助于提升奶牛的健康水平和生产性能，还为保障乳制品的质量安全提供了有力保障。同时，新技术和新设备的推广应用，也带动了相关产业的发展和就业岗位的增加。这些养殖场

通过管理升级和制度创新，构建了高效、灵活的运营体系。这不仅提高了养殖场的内部管理效率和团队协作能力，还为其与外部利益相关者的合作提供了更加广阔的平台和机会。这种合作共赢的模式有助于推动整个养殖产业链的协同发展和优化升级。这些养殖场的成功实践和经验分享对于其他养殖场具有重要的借鉴意义。它们可以通过学习这些先进的管理理念和方法以及技术创新成果，提高自身的可持续发展能力和市场竞争力，同时也有助于增强整个养殖行业的环保意识和提升社会责任感水平。

五、政策支持与市场机遇

（一）政策支持的积极作用

政府在农业可持续发展方面的政策支持，对于规模奶牛养殖场来说，具有举足轻重的意义。首先，政府通过出台一系列优惠政策和专项资金，鼓励养殖场引进先进技术和设备，提高生产效率和资源利用率。这些政策和资金的支持，降低了养殖场的经营成本，提高了其市场竞争力。其次，政府在环保、动物福利等方面的法规和标准，也推动了规模奶牛养殖场的可持续发展。养殖场为了达到这些法规和标准的要求，必须不断改进生产技术和管理水平，提升产品质量和安全性。这不仅有助于提升养殖场的品牌形象和社会公信力，还为其赢得了更多消费者的信任和支持。最后，政府还通过设立示范项目、提供技术指导和培训等方式，帮助规模奶牛养殖场实现可持续发展目标。这些示范项目和技术指导为养殖场提供了宝贵的经验和借鉴，使其能够更加科学、高效地开展生产经营活动。

（二）市场机遇的广阔前景

随着消费者对乳制品品质和安全性的要求越来越高，市场对优质、健康的乳制品的需求不断增长。这为实施可持续发展战略的规模奶牛养殖场提供了广阔的市场机遇。养殖场通过提供高品质、安全放心的乳制品，满足了消费者的需求，赢得了市场份额和口碑。同时，随着国内外市场的不断融合和扩大，规模奶牛养殖场也面临着更多的出口机会和国际合作空间。通过参与国际贸易和交流，养殖场可以进一步拓展业务范围，提升品牌知名度和影响力。这不仅有助于推动养殖场的快速发展，还为其带来了更多的经济收益和发展机遇。

（三）政策与市场共同推动养殖场稳定发展

政策支持和市场机遇的共同作用，为规模奶牛养殖场的稳定发展提供了有力保障。在政策方面，政府通过优惠政策和专项资金的支持，降低了养殖场的经营风险和市场波动带来的影响；在市场方面，消费者对优质乳制品的需求和国内外市场的融合扩大为养殖场提供了广阔的发展空间。在政策与市场的共同推动下，规模奶牛养殖场可以更加自信地面对未来的挑战和机遇。它们可以积极引进新技术和设备、改进生产和管理水平、提升产品质量和安全性等；同时加强与政府、行业协会、科研机构等各方面的合作与交流，共同推动整个养殖行业的可持续发展进程。

第二节　数字化评估模式与可持续发展的关系

一、提高评估的准确性和效率

1. 传统可持续发展评估方法的局限性

传统的可持续发展评估方法往往依赖于人工收集和处理数据。这不仅是一个耗时耗力的过程，而且在数据处理的各个环节都容易出错。例如，在数据收集阶段，人为因素（如疏忽、误解或记录不准确等）可能导致数据失真。在数据处理和分析阶段，复杂的计算和模型构建也可能因为人为错误而产生偏差。此外，传统评估方法还受到数据量和处理能力的限制。在面对大规模、多样化的数据时，人工处理往往难以应对，无法充分挖掘数据中的价值信息。这可能导致评估结果的不全面、不深入，甚至误导决策。

2. 数字化评估模式的优势

与传统评估方法相比，数字化评估模式通过运用大数据、人工智能等技术，实现了数据收集、整理和分析的自动化。这一转变带来了显著的优势，通过自动化工具和技术，数字化评估模式可以快速地收集和处理大量数据。这不仅大幅缩短了评估周期，还为实时评估提供了可能。提升数据准确性和质量：数字化评估模式利用先进的数据清洗和校验技术，可以识别和纠正数据中的错误和异常值，从而提高数据的准确性和质量。通过运用大数据分析和人工智能技术，数字化评估模式可以深入挖掘数据中的关联、趋势和模式，为决策者提供更加全面、深入的信息支持。

3. 数字化评估模式对决策的影响

数字化评估模式的引入对决策产生了深远的影响。首先，它使得决策者能够更加及时、准确地了解可持续发展的现状和问题。通过实时监测和动态分析，决策者可以迅速掌握可持续发展的最新动态，及时发现并应对潜在的风险和挑战。其次，数字化评估模式为制订科学合理的政策提供了有力依据。基于全面、准确的数据分析，决策者可以更加科学地评估不同政策选项的潜在影响和实施效果，从而制订出更加符合实际、更具针对性的政策措施。最后，数字化评估模式还促进了决策过程的透明化和公开化。通过共享数据和评估结果，公众和其他利益相关者可以更加深入地了解决策的依据和过程，增强对决策的信任和支持。这有助于形成广泛的社会共识，推动可持续发展的顺利实施。

二、实现动态监测和预警

1. 实时监测的重要性及其实现方式

在可持续发展领域，实时监测各项关键指标是至关重要的。这不仅可以确保决策者及时获取关于环境质量、资源消耗和社会公平等方面的最新信息，还有助于他们准确了解当前的发展状况和潜在问题。数字化评估模式通过整合各种数据源，如卫星遥感数据、地面监测站数据、社会经济统计数据等，实现了对可持续发展指标的实时监测。具体来说，数字化评估模式利用先进的数据采集技术，可以实时获取各种与可持续发展相关的数据。这些数据经过处理后，可以生成各种指标，如空气质量指数、水质指数、能源消耗量、贫富差距比等。这些指标以直观、易懂的方式呈现给决策者，帮助他们迅速了解可持续发展的整体状况。

2. 数据分析与模型预测

在风险预警中的应用数字化评估模式不仅关注当前的数据变化，还致力于通过数据分析和模型预测来揭示潜在的风险和问题。通过对历史数据的深入挖掘和分析，可以发现各种指标之间的关联性和变化趋势。这些分析结果可以为决策者提供有价值的洞察，帮助他们预见可能出现的问题并制订相应的应对策略。此外，数字化评估模式还利用先进的预测模型，对未来的可持续发展趋势进行预测。这些模型基于大量的历史数据和科学算法，可以预测各种指标在未来一段时间内的变化趋势。通过比较预测结果与目标值或阈值，可以及时发现潜在的风险和问题，为决策者提供预警信息。

3. 预警机制对决策的影响与意义

数字化评估模式的预警机制对决策具有深远的影响和意义。首先，它可以帮助决策者及时发现问题并采取措施，避免事态恶化。通过实时监测和预警，决策者可以在问题刚刚出现或尚未造成严重后果时迅速采取行动，从而防止问题进一步扩大或恶化。这不仅可以减少损失，还可以维护生态环境和社会稳定。预警机制有助于保障可持续发展的顺利进行。通过提前预警潜在的风险和问题，决策者可以及时调整发展策略和政策措施，确保可持续发展目标的实现。这种调整可以是基于对现有问题的应对，也可以预防未来可能出现的问题。无论哪种情况，预警机制都为决策者提供了宝贵的时间和空间来进行必要的调整和优化。数字化评估模式的预警机制还有助于提升决策的科学性和有效性。通过基于数据和模型的预警分析，决策者可以更加客观地了解可持续发展的实际状况和未来趋势。这有助于他们摆脱主观臆断和经验主义的束缚，制订出更加科学、合理、可行的政策措施。同时，预警机制还可以为决策者提供持续的反馈和评估信息，帮助他们不断改进和完善决策过程。

三、促进多方参与和协作

1. 数字化评估模式的开放性与信息共享

数字化评估模式以其开放性和共享性的特点，在可持续发展领域发挥着独特的作用。这一模式不仅整合了多元化的数据源和评估方法，更重要的是，它打破了传统评估模式的信息壁垒，使得评估结果和数据能够以一种更加开放、透明的方式呈现给公众、企业、政府等各方利益相关者。通过数字化平台，各方可以方便地获取关于可持续发展的实时数据和评估结果。这些信息不仅涵盖了环境质量、资源消耗等关键指标，还包括了政策实施效果、社会参与程度等多方面的内容。这种开放性的信息共享方式，极大地提高了信息的可及性和透明度，有助于各方利益相关者更加全面、深入地了解可持续发展的现状和趋势。

2. 增强参与感与责任感，促进多方协作

数字化评估模式的开放性和共享性不仅提升了信息的透明度，更重要的是，它激发了各方利益相关者的参与热情和责任感。公众、企业、政府等各方在获取可持续发展信息的同时，也更加清晰地认识到自身在可持续发展进程中的角色和责任。对于公众而言，数字化评估模式为他们提供了了解和监督可持续发展进程的途径。通过参与评估、提供反馈等方式，公众可以更加积极地参与到可持续发展中来，推动形成广泛的社会共识和行动力。对于企业而言，数字化评估模式有助于他们更加准确地把握市场趋势和客户需求，从而调整经营策略，实现绿色、低碳、可持续发展。对于政府而言，数字化评估模式则提供了科学决策和有效治理的支撑，有助于他们更加精准地制订

和实施相关政策措施。在数字化评估模式的推动下，各方利益相关者逐渐形成了紧密的合作关系。他们通过共享信息、协调行动、共同解决问题等方式，推动着可持续发展的实现。这种多方协作的模式不仅提高了工作效率和资源利用率，还促进了创新思维的涌现和优秀经验的传播。

3. 数字化评估模式作为交流合作平台的价值

除了提供信息共享和激发参与感之外，数字化评估模式还为各方利益相关者提供了一个交流合作的平台。在这个平台上，各方可以更加便捷地分享经验、交流观点、协调行动。这种交流合作不仅有助于解决当前面临的问题和挑战，还为未来的可持续发展探索了新的路径和可能性。通过数字化评估模式的平台作用，各方利益相关者可以更加紧密地联系在一起。他们共同关注着可持续发展的进程和成果，共同承担着推动可持续发展的责任和使命。这种团结协作的精神不仅提升了各方的凝聚力和战斗力，还为可持续发展的实现注入了强大的动力。

第三节　数字化评估模式的可持续发展策略与实践

一、加强数据质量与安全性管理

（一）提高数据质量

提高数据质量是数字化评估模式可持续发展的基石。在数字化时代，数据如同血液般贯穿于各个行业和领域，其质量直接关系到评估结果的准确性和可信度。因此，建立完善的数据采集、存储、处理和分析机制至关重要，这是确保数据准确性、完整性和一致性的根本保障。数据采集是数据质量管理的第一道关卡。在采集数据时，必须遵循科学、规范、合理的原则，明确数据来源和采集标准。对于不同来源的数据，要进行严格的筛选和比对，确保数据的真实性和有效性。同时，还要注重数据的时效性和代表性，及时更新和补充新的数据资源，以反映最新的情况和趋势。数据存储是保障数据质量的重要环节。在存储数据时，要采用先进的存储技术和设备，确保数据的安全性和稳定性。同时，还要建立完善的数据备份和恢复机制，防止数据丢失或损坏。此外，对于敏感数据和涉密数据，还要加强加密和访问控制等安全措施，确保数据不被非法获取和利用。接下来，数据处理是提升数据质量的关键步骤。在处理数据时，要运用科学的方法和技术手段对数据进行清洗、转换和整合，以消除数据中的噪声、冗余和错误。同时，还要对数据进行归一化和标准化处理，使不同来源和格式的数据能够统一标准和度量衡，便于后续的分析和比较。数据分析是检验数据质量的最终手段。在分析数据时，要运用统计学、数据挖掘和机器学习等方法和技术手段对数据进行深入挖掘和分析，以揭示数据中的规律和趋势。同时，还要注重结果的解释和呈现方式，使评估结果更加直观、清晰和易于理解。此外，对于分析结果中出现的异常值和偏差情况，要及时进行核查和调整，确保评估结果的准确性和可信度。

（二）保障数据安全

为了应对这一挑战，我们必须加强数据安全防护措施，从多个层面构建完善的数据安全保障体系。首先，物理安全是数据安全的基础。我们应确保数据存储和处理设备的物理安全，采取严格的访问控制和监控措施，防止未经授权的人员接触和破坏数据。同时，我们还需要加强对网络安全的防护，采用先进的防火墙、入侵检测和数据加密技术，防止黑客攻击和数据窃取行为的发生。除了物理和网络安全外，我们还需要建立严格的数据访问和使用权限管理制度。这一制度应明确数据的访问范围、使用目的和权限等级，确保只有经过授权的人员才能访问和使用数据。同时，我们还需要加强对数据使用的监管和审计，确保数据不被滥用和泄露。为了实现这一目标，我们可以采用身份认证、访问控制列表（ACL）和数据脱敏等技术手段，对数据访问和使用进行细粒度的控制和管理。然而，即使我们采取了再严密的安全措施，数据丢失和损坏的风险仍然存在。因此，我们还需要定期对数据进行备份和恢复测试，确保在意外情况下能够及时恢复数据。

备份是数据安全的重要保障，通过定期备份数据，我们可以避免数据丢失和损坏带来的损失。同时，恢复测试也是必不可少的环节，通过模拟数据丢失和损坏的场景，我们可以检验备份数据的可用性和恢复流程的可行性，确保在真正需要恢复数据时能够迅速、准确地完成操作。为了进一步提高数据的安全性，我们还需要关注数据安全技术的发展趋势，及时引入新的安全技术和工具。例如，随着人工智能和大数据技术的不断发展，我们可以利用这些技术对数据进行更加智能和高效地安全管理和分析。同时，我们还需要加强对数据安全人员的培训和管理，增强他们的专业素养和安全意识，确保他们能够及时发现和解决数据安全问题。此外，我们还需要建立完善的数据安全应急响应机制。在数据安全事件发生时，我们能够迅速响应和处置，将损失降到最低。这一机制应包括应急预案的制订、应急响应团队的组建和培训、应急演练的开展等环节。

二、推动技术创新与升级

（一）引入先进技术

人工智能作为当今科技领域的热门话题，其在数字化评估模式中的应用前景广阔。通过引入人工智能技术，我们可以实现评估过程的智能化，让机器自主学习、自我优化，从而提高评估的准确性和效率。例如，在人力资源评估中，利用人工智能技术可以对员工的绩效、能力、潜力等进行全面、客观、准确地评估，为企业的人才选拔和培养提供科学依据。大数据技术的引入，使得数字化评估模式能够处理海量、多样、快速变化的数据。通过对大数据的深入挖掘和分析，我们可以发现数据背后的规律、趋势和关联，为决策提供有力支持。在市场营销评估中，大数据技术可以帮助企业实时跟踪和分析市场动态、消费者行为，从而精准定位目标客户群体，制订更加有效的营销策略。云计算技术为数字化评估模式提供了强大的计算能力和存储空间。通过云计算平台，我们可以实现数据的集中存储、共享和访问，提高数据的安全性和可用性。同时，云计算的弹性扩展能力可以应对评估过程中的高并发、大流量等挑战，保证评估的顺利进行。在城市交通评估中，利用云计算技术可以对交通流量、路况等数据进行实时采集、传输和处理，为城市交通规划和管理提供科学依据。

除了以上 3 种技术外，还有许多其他新技术、新方法和新工具值得引入数字化评估模式中。例如，物联网技术可以实现对设备的实时监控和管理；区块链技术可以保证数据的真实性和不可篡改性；虚拟现实技术可以模拟真实场景进行模拟评估等。这些技术的引入将为数字化评估模式的发展带来更多可能性和创新点。然而，引入先进技术并非易事。需要我们对技术有深入地了解和掌握，同时还需要考虑技术与评估模式的融合问题。为了实现技术与评估模式的有效融合，我们需要做好以下几点工作：首先，要对新技术进行充分的调研和测试，确保其适用于评估场景；其次，要对评估人员进行技术培训，提高他们的技术素养和操作能力；最后，要建立完善的技术支持体系，为评估过程中遇到的技术问题提供及时、有效的解决方案。

（二）加强技术研发

在数字化时代，技术的创新与应用已经成为各行各业转型升级的关键。为了保持数字化评估模式的领先地位，我们必须加大技术研发投入，鼓励创新精神和跨界合作，不断突破技术瓶颈，推动数字化评估模式向更高层次、更广领域迈进。加大技术研发投入是提升数字化评估模式竞争力的基础。只有持续投入足够的研发资金，才能吸引和留住优秀的技术人才，购置先进的研发设备，开展深入的技术研究。我们应明确研发目标，聚焦数字化评估模式的核心技术和关键环节，进行有针对性地研发投入，确保每一分钱都花在刀刃上。鼓励创新精神和跨界合作是推动数字化评估模式发展的重要途径。创新是技术进步的源泉，也是数字化评估模式不断优化的关键。我们应营造一个鼓励创新的环境，允许失败，鼓励尝试，让技术人员敢于挑战传统，勇于探索未知。同时，跨界合作也是推动数字化评估模式发展的重要手段。通过与其他行业、领域的合作与交流，我们可以借鉴他们的成功经验和技术成果，为数字化评估模式的发展注入新的活力。

此外，建立技术成果共享机制是促进技术交流和合作的重要保障。在数字化评估模式的发展过程中，我们会产生大量的技术成果和知识产权。这些成果如果仅仅掌握在少数人手中，无法得到充分地应用和推广。因此，我们应建立一种公平、开放的技术成果共享机制，让更多的人能够接触到这些先进的技术成果，促进技术的交流和合作。这不仅可以加快数字化评估模式的发展速度，还可以提高整个行业的技术水平。除了以上措施外，我们还应注重技术研发与市场需求的结合。数字化评估模式的发展不能脱离市场需求和实际应用场景。我们应深入了解各行各业的需求和痛点，有针对性地进行技术研发和创新。只有这样，我们的技术成果才能更好地满足市场需求，推动数字化评估模式在更多领域的应用和发展。同时，我们也应关注技术研发的可持续性和生态环保性。在数字化评估模式的发展过程中，我们应注重技术的可持续性和生态环保性。避免过度追求技术创新而忽视了对环境的保护和对资源的浪费。我们应采用绿色、低碳的技术研发方式，推动数字化评估模式向更加环保、可持续的方向发展。

三、注重人才培养与团队建设

（一）加强人才培养

培训计划是人才培养的基石。我们应根据数字化评估模式的发展需求，制订详细且富有针对性的培训计划。这些计划不仅要覆盖基础理论知识，更要注重实践技能的提升。通过定期的培训，确保人才能够紧跟技术发展的步伐，不断更新自己的知识体系。在课程设置方面，我们需要构建一套既系统又灵活的课程体系。这套课程应包括数字化评估的基本理论、方法论以及前沿技术等内容。同时，课程设置还应根据不同领域和层次的需求进行差异化设计，以满足人才的个性化学习需求。此外，我们还应注重课程的更新与优化，及时将最新的研究成果和实践经验融入教学中。实践基地是提升人才实践能力的重要平台。通过与企业、行业协会等合作，建立一批高质量的实践基地，为人才提供真实的实践环境。在这些基地中，人才可以亲身参与到数字化评估的实际工作中，将所学知识转化为实际能力。同时，实践基地还可以为人才提供与业界专家交流的机会，拓宽他们的视野和思路。除了上述措施外，加强与高校、研究机构的合作也是提升人才培养质量的关键。高校和研究机构在理论研究、技术创新和人才培养等方面具有显著优势。通过与他们建立紧密的合作关系，我们可以共同开展科研项目、共享教育资源、互派访问学者等，从而推动数字化评估领域的人才培养和技术创新。

此外，为了激发人才的创新活力和提升他们的国际竞争力，我们还应积极鼓励人才参与国际交流与合作。通过组织国际研讨会、参加国际竞赛、派遣人才出国深造等方式，让人才在国际舞台上展示自己的才华并吸收国际先进经验。我们还需要建立一套完善的人才评价机制，对人才的培养效果进行科学、客观、全面地评估。通过定期的考核和反馈，我们可以及时发现人才培养过程中存在的问题和不足，进而对培养计划、课程设置等进行调整和优化。同时，人才评价机制还可以为人才的选拔、晋升和激励提供有力依据，确保每一位优秀的人才都能得到应有的认可和发展机会。

（二）强化团队建设

团队精神和协作能力的培养是一个长期而系统的过程。首先，我们需要营造一种积极向上、相互尊重的团队氛围。在这样的环境中，团队成员愿意分享彼此的知识和经验，敢于提出自己的见解和建议，从而推动团队的不断进步。其次，我们需要通过定期的团队建设活动来增强团队的凝聚力和向心力。这些活动可以是户外拓展、团队培训、庆祝活动等，旨在让团队成员在轻松愉快的氛围中增进彼此的了解和信任。建立高效的团队协作机制是确保团队高效运转的重要保障。我们应明确团队成员的分工和职责，确保每个人都能够发挥自己的专长和优势。同时，我们还需要建立一套有效的沟通机制，确保团队成员之间能够及时传递信息、分享资源、解决问题。此外，我们还应注重对团队成员的激励和考核，确保他们的付出能够得到应有的回报和认可。

在强化团队建设的过程中，我们还需要为团队成员提供良好的工作环境和发展空间。工作环境的好坏直接影响到团队成员的工作效率和心情。我们应提供宽敞明亮的办公场所、先进的办公设备和舒适的休息区域，让团队成员能够在舒适的环境中高效工作。同时，我们还应关注团队成员的职业发展，为他们提供丰富的培训资源和广阔的发展空间。通过制订个性化的职业发展规划、提供多元化的学习机会和建立公平的晋升机制，我们可以激发团队成员的积极性和创造力，让他们在实现自我价值的同时推动团队和数字化评估模式的发展。此外，强化团队建设还需要注重团队文化的培育。团队文化是团队的灵魂和核心竞争力所在。我们应积极倡导创新、协作、进取的团队文化，鼓励团队成员勇于挑战自我、追求卓越。通过举办文化沙龙、分享会等活动，我们可以让团队成员深入了解团队文化的内涵和价值，从而将其内化为自己的行为准则和价值追求。

四、加强国际合作与交流

（一）参与国际标准化工作

参与国际标准化工作，有助于我们深入了解国际上的先进技术和标准制订动态，及时把握数字化评估模式的发展趋势。通过与世界各地的专家和学者交流，我们可以吸收和借鉴他们的成功经验和做法，不断完善和优化自身的数字化评估模式。同时，我们也可以将我们的实践成果和创新经验分享给国际社会，为全球数字化评估模式的发展贡献中国智慧和中国方案。参与国际标准化组织和相关机构的工作，需要我们具备高度的专业素养和开放合作的精神。我们要积极学习国际标准化知识，熟悉和掌握国际标准化的规则、程序和方法。同时，我们还要积极参与国际标准化的讨论和决策，发表我们的观点和见解，争取在国际标准化进程中发挥更大的作用。

此外，我们还要加强与国际标准化组织和相关机构的沟通与合作，建立良好的合作关系，共同推动数字化评估模式的国际标准化进程。推动数字化评估模式的国际标准化，不仅有助于提升其在全球范围内的认可度和影响力，还可以为全球的数字化转型提供统一、规范的评估标准和方法。这将有助于降低数字化转型的成本和风险，提高数字化转型的效率和效果，为全球的经济社会发展注入新的动力。同时，这也将提升我国在国际标准化领域的地位和影响力，为我国在全球治理体系中发挥更大作用提供有力支撑。在参与国际标准化工作的过程中，我们还要注重发挥企业的主体作用。鼓励和支持企业积极参与国际标准化工作，将企业的创新实践和市场需求反馈到国际标准的制订中，推动形成更加符合市场需求、更具操作性的国际标准。同时，我们还要加强对企业的培训和指导，帮助企业提升参与国际标准化工作的能力和水平。

（二）开展国际合作项目

与国际上的研究机构、高校和企业开展合作项目，可以为我们带来多方面的收益。首先，通过合作，我们可以接触到国际上最先进的数字化评估理念和技术，了解不同国家和地区在数字化评估方面的成功经验和做法。这将有助于我们拓宽视野，启发思路，发现新的研究方向和应用领域。其次，国际合作项目可以促进人才交流和培养。通过与国际顶尖专家、学者的合作与交流，我们可以提升自身的专业素养和创新能力，培养具有国际视野和竞争力的人才队伍。最后，国际合作项目还可以推动技术转移和成果转化。通过与国际合作伙伴的共同努力，我们可以将研究成果转化为实际应用，推动数字化评估模式在更广泛领域的推广和应用。在实施国际合作项目时，我们应重视以下几个方面的工作。首先，选择合适的合作伙伴至关重要。我们应选择在国际数字化评估领域具有较高声誉和影响力的研究机构、高校和企业作为合作伙伴，确保合作项目的质量和水平。其次，明确合作目标和任务。在合作项目中，我们应明确各自的研究方向、技术优势和资源投入，共同制订切实可行的研究计划和实施方案。同时，我们还应注重保护知识产权和利益分享机制的建立，确保合作双方的合法权益得到保障。最后，加强项目管理和沟通协调。在国际合作项目中，由于文化背景、语言习惯等方面的差异，沟通协调往往成为项目成功的关键因素之一。因此，我们应建立健全的项目管理机制和沟通协调机制，确保合作项目的顺利进行和成果的高效产出。

除了以上几个方面外，我们还应注重国际合作项目的可持续性和长期发展。数字化评估模式是一个不断发展的领域，新的技术和应用问题不断涌现。因此，我们应与国际合作伙伴建立长期稳定的合作关系，共同关注数字化评估领域的最新动态和发展趋势，持续开展前沿技术和应用问题的研究。同时，我们还应注重合作成果的共享和传播，通过发表论文、举办学术会议、举办技术研讨会等方式，将合作成果分享给更广泛的国际社会和学术界。

参考文献

崔同盟,2023. 畜牧业养殖场安全生产管理有效措施 [J]. 今日畜牧兽医,39 (2): 50–52.

丁琳,陆建定,蒋永健,2020. 浙江数字畜牧业的探索与对策 [J]. 中国畜牧业,(19): 35–36.

樊才睿,2020. 数字化畜牧业与呼伦贝尔草原生态环境协调发展研究 [J]. 农业工程技术, 40 (15): 47–50.

冯思志,杨贵民,高晓宁等,2023. 养殖机械化助力畜牧业发展 [J]. 山东农机化,(3): 13.

高凌,2023. 生态养殖技术的应用与推广策略 [J]. 今日畜牧兽医,39(11): 62–64.

郭春叶,张永波,2019. 规模化养殖场在畜牧业中的重要作用 [J]. 中国畜禽种业, 15 (9): 48.

黄耀玲,2022. 积极发展生态畜牧业大力推进生态文明的探讨 [J]. 中国动物保健,24(2): 76–77.

靳艳艳,2022. 持续高温下大型养殖场动物疾病的防控研究 [J]. 农家参谋,(15): 99–101.

雷骁勇,2024. 大农业背景下辽宁省畜牧业数字化转型对策研究 [J]. 农业经济,(2): 30–32.

李英,2022. 构建数字化监测预警体系 助推畜牧业高质量发展 [J]. 中国畜牧业,(4): 31–33.

李政 ,2023. 中国式现代化背景下畜牧业产业链韧性提升策略 [J]. 饲料研究 , 46(22): 194–197.

毛华敏 , 朱海洋 ,2023–09–10. 数字化金融赋能畜牧业 [N]. 中国畜牧兽医报 , (004).

农杰宁 , 彭华 ,2021. 精准畜牧业对奶牛养殖场的影响 [J]. 中国畜禽种业 , 17 (9): 10–11.

商蓉 ,2023. 数字化助力畜牧业发展 [J]. 农家致富 , (13): 4–5.

尚翠荣 ,2022. 关于绿色畜牧业养殖技术推广策略的思考 [J]. 现代畜牧科技 ,(1): 57–58.

施安 , 马小明 , 杨坚等 ,2022. 现代化畜牧业“智慧”发展探析 [J]. 饲料博览 ,(1): 77–80.

宋仕国 ,2021. 试论我国畜牧业安全可持续性发展 [J]. 吉林畜牧兽医 ,42 (3): 105，107.

王芳 ,2019. 现代畜牧业养殖场管理应注意的事项 [J]. 江西农业 , (12): 48.

徐峰 ,2020. 畜牧业养殖场管理中现状及优化路径 [J]. 畜牧业环境 ,(1): 31.

徐国华 ,2022. 数字化畜牧业的发展与对策 [J]. 浙江畜牧兽医 ,47(5): 11–12.

殷猛 ,2023. 中国式现代化下数字经济驱动畜牧业全产业链高质量发展路径 [J]. 农业与技术 ,43(20): 165–169.

张发翠 ,2021. 现代畜牧业发展中畜牧技术的提升 [J]. 中国动物保健 ,23 (6): 66–67.

张延生 ,2019. 现代畜牧业养殖场管理存在问题及注意事项 [J]. 畜牧兽医科学 (电子版), (13): 7–8.

赵春江 ,2023. 发展畜牧业数字化和智能化，全面推进乡村振兴 [J]. 畜牧产业 ,(2): 4.

赵宇飞，张惠东，郭永清等,2022. 解读畜牧业“互联网+”战略实施现状与建议 [J]. 中国畜禽种业,18 (9): 16–18.

郑安琪, 黄凯宁,2022. 基于物联网的畜牧业环境监控系统的设计与实现 [J]. 物联网技术,12(5): 15–17, 21.